时装画

电脑手绘完全自学教程

柚子_Yoly 编著

U0277236

人民邮电出版社

北　京

图书在版编目（CIP）数据

时装画电脑手绘完全自学教程 / 柚子_Yoly编著. --
北京 ： 人民邮电出版社，2019.7
ISBN 978-7-115-51247-5

Ⅰ．①时… Ⅱ．①柚… Ⅲ．①服装—绘画—计算机辅
助设计—教材 Ⅳ．①TS941.28-39

中国版本图书馆CIP数据核字(2019)第094209号

内 容 提 要

　　本书以时装画为核心，结合 SAI 和 Photoshop 绘图软件，系统、全面地讲解了时装画板绘的表现技法。

　　本书共分为 7 章，第 1 章为时装画绘制工具介绍；第 2 章为人体动态实例表现；第 3 章为头部五官实例表现；第 4 章为面料实例表现；第 5 章为配饰实例表现；第 6 章为时装款式实例表现；第 7 章为时装效果图实例表现。

　　随书赠送案例的线稿文件和源文件，以及在线教学视频。本书具有很强的针对性和实用性，注重理论与实践相结合，适合服装设计初学者、服装设计相关专业的学生及服装插画师阅读，也可以作为服装设计院校及相关培训机构的教材。

◆ 编　　著　柚子_Yoly
　　责任编辑　张丹阳
　　责任印制　马振武

◆ 人民邮电出版社出版发行　　北京市丰台区成寿寺路 11 号
　　邮编　100164　　电子邮件　315@ptpress.com.cn
　　网址　http://www.ptpress.com.cn
　　北京盛通印刷股份有限公司印刷

◆ 开本：787×1092　1/16
　　印张：13.25
　　字数：469 千字　　　　　　　　　　　　2019 年 7 月第 1 版
　　印数：1—3 000 册　　　　　　　　　　　2019 年 7 月北京第 1 次印刷

定价：79.00 元
读者服务热线：(010)81055410　印装质量热线：(010)81055316
反盗版热线：(010)81055315
广告经营许可证：京东工商广登字 20170147 号

能否形象地表现设计意图，是衡量一个设计师能力强弱的重要因素。随着电脑设计软件的普及与成熟，各大企业及相关比赛对服装设计效果图的要求也越来越高。使用电脑来绘制服装设计效果图，能够充分展现出设计师的设计理念及设计构思。对于初级服装设计师或服装设计专业的学生来说，更要学会将电脑运用到所学专业中。

在笔者看来，相比对绘画功底要求较高的手绘服装效果图来说，使用电脑绘制服装设计效果图更加简便。并非所有的服装设计师都可以将自己的设计构思通过手绘完美地呈现到纸上，而使用电脑绘制效果图，会让一些复杂的线条、质地等都能够很好地表达出来，这样不仅降低了绘制的难度，而且提高了设计师的工作效率。使用电脑绘制服装设计效果图，能够为存储与传输带来极大的便利，在绘制完服装设计效果图后，设计师可以直接将其保存到手机、电脑或 iPad 等电子产品中，可以随时随地进行打印或传真，并方便与专业人士进行交流。在颜色的使用上，手绘服装效果图存在较大的局限性，而利用电脑进行绘制可以轻松选择想要使用的颜色，还可以随时更换和调整颜色。

在电脑软件的选择上，笔者也做了很多功课，最后选择了 Easy Paint Tool SAI 软件。SAI 这款软件可以提供良好的线条绘制体验，能够绘制出极其顺滑的线条，而且具备手抖修正的功能，能够使因手抖而绘制出来的波浪线条得到有效修正，同时能够提供不同的笔刷方便绘制出质地各异的服装面料，以满足设计师不同的服装设计需求。

在学习本书内容的过程中，建议大家以学习绘制方法为主，在临摹的基础上进行创新，不断拓宽自己的设计思路，感受不同色彩带来的不同效果。

作者

2019 年 6 月

资源与支持
RESOURCES AND SUPPORT

本书由数艺社出品，"数艺社"社区平台（www.shuyishe.com）为您提供后续服务。

配套资源

书中案例的 SAI 源文件；案例线稿及效果图，方便读者上色练习；部分案例的在线教学视频。

资源获取请扫码

> "数艺社"社区平台，为艺术设计从业者提供专业的教育产品。

与我们联系

我们的联系邮箱是 szys@ptpress.com.cn。如果您对本书有任何疑问或建议，请您发邮件给我们，并请在邮件标题中注明本书书名及 ISBN，以便我们更高效地做出反馈。

如果您有兴趣出版图书、录制教学课程，或者参与技术审校等工作，可以发邮件给我们；有意出版图书的作者也可以到"数艺社"社区平台在线投稿（直接访问 www.shuyishe.com 即可）；如果学校、培训机构或企业想批量购买本书或数艺社出版的其他图书，也可以发邮件给我们。

如果您在网上发现针对数艺社出品图书的各种形式的盗版行为，包括对图书全部或部分内容的非授权传播，请您将怀疑有侵权行为的链接通过邮件发给我们。您的这一举动是对作者权益的保护，也是我们持续为您提供有价值的内容的动力之源。

关于数艺社

人民邮电出版社有限公司旗下品牌"数艺社"，专注于专业艺术设计类图书出版，为艺术设计从业者提供专业的图书、U 书、课程等教育产品。领域涉及平面、三维、影视、摄影与后期等数字艺术门类；字体设计、品牌设计、色彩设计等设计理论与应用门类；UI 设计、电商设计、新媒体设计、游戏设计、交互设计、原型设计等互联网设计门类；环艺设计手绘、插画设计手绘、工业设计手绘等设计手绘门类。更多服务请访问数艺社社区平台 www.shuyishe.com，我们将提供及时、准确、专业的学习服务。

目 录
CONTENTS

第 1 章

时装画绘制工具介绍

本章主要介绍绘制时装画常用的绘图软件，以及不同画笔工具的设置方法和效果。

1.1 时装画常用的绘图软件

使用计算机进行时装画的绘制，一般会用到两款计算机绘图软件，一款是更偏向手绘的SAI软件，另一款是更偏向后期效果的Photoshop软件。本节将对这两款计算机绘图软件的界面和常用工具进行简单介绍，方便读者选择更符合需求的软件进行时装画的绘制。

1.1.1 SAI 软件的界面

SAI软件是一款专注于手绘的计算机绘图软件，它的绘图功能齐全且强大，但后期功能比较欠缺，更适合绘制以手绘为主的设计稿。SAI软件的界面设置清晰明了，主要包括菜单栏、导航器、图层关联面板、颜色面板、工具面板、快捷工具栏、视图区、视图面板、状态栏等9个部分。

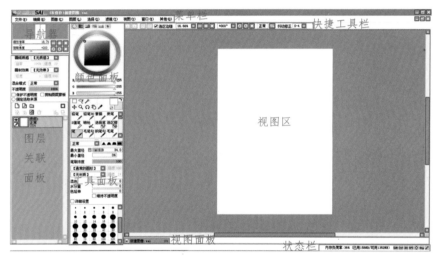

SAI软件工作界面

1. 菜单栏

SAI的菜单栏统筹的是SAI软件中可进行的基础操作，包含文件、编辑、图像、图层、选择、滤镜、视图、窗口、其他等9个菜单，每个菜单都可以通过单击打开下拉菜单，在对应的下拉菜单中包含着多个可执行命令。

文件(F)　编辑(E)　图像(C)　图层(L)　选择(S)　滤镜(T)　视图(V)　窗口(W)　其他(O)

"文件"下拉菜单

"窗口"下拉菜单

2. 导航器

导航器由3个部分组成，分别是视图可视范围标示区、视图缩放倍率调节栏、视图旋转角度调节栏。

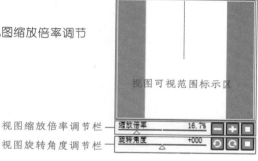

视图可视范围标示区

视图缩放倍率调节栏 —
视图旋转角度调节栏 —

| 视图可视范围标示区 |

红色虚线框中的部位显示的是当前视图区中可视视图在整个画布中的位置。

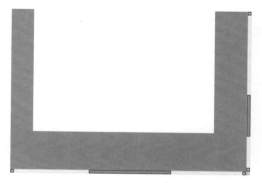

视图区中可视视图

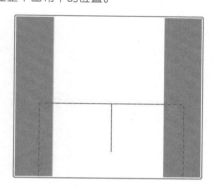

当前可视视图在整个画布中的位置

| 视图缩放倍率调节栏 |

可以通过拖动小三角箭头来改变视图的缩放倍率，也可以通过单击按钮来调节视图的缩放倍率。可调节的缩放范围是2.6%~1600%。

调节栏与数值显示

缩小显示

放大显示

重置视图的显示位置

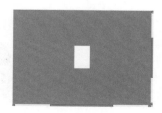

调节缩放倍率为4.9%

缩放倍率为4.9%的视图

| 视图旋转角度调节栏 |

其使用方式与缩放倍率一样，功能是用来调节视图的旋转角度。可调节的范围是–180°~+180°。

调节栏与数值显示

逆时针旋转视图

顺时针旋转视图

重置视图的旋转角度

调节旋转角度为+52°

旋转角度为+52°的视图

3. 图层关联面板

SAI软件的图层关联面板统筹的是图层相关功能，包括图层的画纸质感、图层的画材效果、图层的混合模式、图层的不透明度这几种图层效果；保护不透明度、剪贴图层蒙版、指定选取来源这3种图层关联命令；新建图层、新建钢笔图层、新建图层组、向下转写、向下合拼、清除图层、删除图层、新建图层蒙版、单独向下合拼图层和蒙版、应用图层蒙版这几种图层关联功能。

由于图层关联面板功能很多，此处挑选两个常用的图层功能进行简单介绍。

|图层的混合模式|

图层的混合模式包括正常、正片叠底、滤色、覆盖、发光、阴影、明暗、黑白8种模式，每种模式能提供不同的绘画效果。新建图层的默认模式为正常模式，这种模式没有特殊效果。

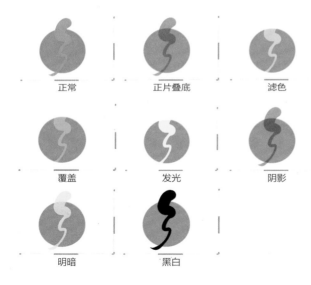

|图层的画纸质感|

图层的画纸质感包含数十种不同的质感，选择某种质感后可以调节该质感的倍率和强度。新建图层的默认质感为"无质感"。

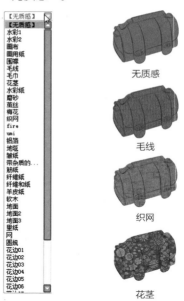

4. 颜色面板

SAI绘图软件的颜色面板由7个部分组成，分别是色轮、RGB滑块、HSV滑块、中间色、自定义色盘、便笺本、前景色与背景色。当某一功能面板处于显示状态时，其对应的图标显示为彩色；当某一功能面板处于隐藏状态时，其对应的图标显示为灰度。使用者可以根据当前绘制内容的需要来决定显示哪些功能面板。

此处选择两个常用的功能进行简单介绍。

▌色轮▐

在SAI软件中，色轮是常用来选取颜色的面板。色轮由环形和方形组成，环形部分是一个6色相环，用来决定颜色的色相；方形部分则用来决定色彩的饱和度和明度，右上角饱和度和明度最高，左下角饱和度和明度最低。

▌RGB 滑块▐

RGB滑块由3个部分组成，分别是R滑块（用来调整色彩的红成分含量）、G滑块（用来调整色彩的绿成分含量）、B滑块（用来调整色彩的蓝成分含量）。除了直接在色轮中选色，也可以通过调整RGB数值来精确获取需要的颜色。

5. 工具面板

工具面板统筹的是在SAI软件中绘画时使用的各种工具，包括选择工具、套索工具、魔棒工具、移动工具、缩放工具、旋转工具、抓手工具、吸管工具这8种常用辅助工具，以及笔刷工具的选择栏和设置面板。

6. 快捷工具栏

快捷工具栏统筹的是在SAI中进行绘画时较常使用到的辅助工具，包括撤销操作、重做操作、取消选择、反选、视图的缩放倍率、视图的旋转角度、水平翻转视图、抖动修正功能强度。

抖动修正功能是SAI软件特有的功能，可以帮助使用者改善由于手抖造成的线条抖动幅度过大的问题。抖动修正的数值越高，画出的线条就越平滑精细，但绘制速度也会越慢。在绘制线稿时，可以通过调高抖动修正数值的方式，提高线稿的精细度。

7. 视图区

视图区是用来绘图和观察绘制效果的区域，笔刷工具只在这个区域内产生效果。

8. 视图面板

视图面板中显示的是SAI软件中打开的文件，显示在主视图中的文件底色会显示为紫色，右侧显示的比率指的是该文件视图的缩放比率。单击选择不同的视图文件可以进行主视图的切换。

| 新建图像.sai | 33% | 5.2.2单肩包.sai | 25% |

9. 状态栏

状态栏中显示的是SAI软件当前状态，包括内存负荷率和正在使用的工具/快捷键。

内存负荷率:42% (已用110MB/可用1426MB) Shift Ctrl Alt SPC ✛ Any ✐

▍内存负荷率▍

当软件负荷正常时，内存负荷率字体显示为黑色；当软件负荷较高时，字体显示为橘黄色。

▍正在使用的工具/快捷键▍

当使用者正在SAI中使用某一工具时，该工具的对应图标会显示为荧光色。

1.1.2 SAI 常用的绘图工具

SAI软件常用的绘图工具介绍如下。

1. "笔"工具

SAI软件中有数10种笔刷工具可供选择，还可以自行导入更多的笔刷工具，其中"笔"工具是常用到的一种绘图笔刷。

使用"笔"工具绘制出的线条凝实清晰、压感强烈，无论是绘制线稿还是上色都十分实用，搭配不同的笔刷效果和图层效果，可以满足使用者的各种需求，是最基础的画笔。

2. "橡皮擦"工具

"橡皮擦"工具可以用来擦除不需要的内容或是绘制错误的内容，经常与画笔工具搭配使用完成画作。与"笔"工具不同的是，"橡皮擦"工具是没有压感的。如果需要有压感的擦除工具，可以通过单击"切换前景色与透明色"按钮来获取具有压感的擦除笔。

3. "模糊"工具

在时装画的绘制中，"模糊"工具常用于涂抹衣物、发型等部分的暗部的边缘，能够帮助暗部和底色更好地融合在一起。

4. 缩放工具

在使用SAI软件绘画的过程中，常常需要改变视图的大小来绘制不同区域，此时就需要用到缩放工具。由于缩放工具的常用性，SAI软件中设置了多种缩放工具可供使用者自行选择。

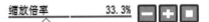

导航器中的缩放工具   快捷工具栏中的缩放工具

除了使用软件中的缩放工具外，还可以通过滑动鼠标的滚轮对视图进行快速地缩放。

5. 吸管工具

在绘画过程中经常遇到需要几种颜色频繁切换来进行绘制的情况，在这种情况下一般使用吸管工具来完成颜色的吸取和切换，能够大大提高绘画效率。除了使用软件中的吸管工具外，一般来说，单击压感笔的按钮下端也可进行颜色的吸取。

6. 滤镜

通过SAI软件的滤镜功能可以帮助使用者快速调节选中区域的色相、饱和度、明度、亮度、对比、颜色浓度的数值，实现画面色彩的调整。

滤镜功能可调整内容

下面我们通过实例来介绍滤镜工具的部分效果。

原图　　　　　　　　　　　　调整色相　　　　　　　　　　　　调整饱和度

1.1.3　Photoshop 软件的界面

Photoshop是Adobe公司推出的图像处理软件，其强大的图像绘制和处理功能，深受广大专业画师青睐。通过使用其众多的编修与绘图工具，可以更有效率地进行图片编辑工作。Photoshop软件具有相当简洁和自由的操作环境，主要包括菜单栏、工具栏、工具属性栏、控制面板、名称栏、工作区、状态栏7个部分。

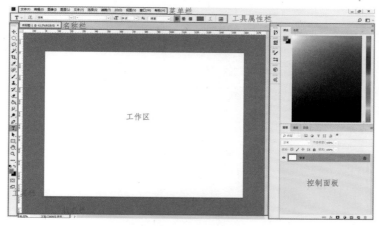

Photoshop CC 2018 工作界面

1. 菜单栏

Photoshop的菜单栏包括文件、编辑、图像、图层、文字、选择、滤镜、3D、视图、窗口、帮助共11个菜单，每个菜单都对应包含着多种可执行命令。

文件(F) 编辑(E) 图像(I) 图层(L) 文字(Y) 选择(S) 滤镜(T) 3D(D) 视图(V) 窗口(W) 帮助(H)

"滤镜"下拉菜单　　　　"图层"下拉菜单

2. 工具栏

工具栏中包含数十种常用工具，单击对应图标或按下对应快捷键即可选择工具。可以看到，大多数工具图标右下角都有一个小三角形，这就表示在该工具中还包含有与之相关的更多工具。将鼠标指针移到工具图标上，右击即可打开隐藏的工具。

工具栏　　　　套索工具隐藏工具栏

3. 工具属性栏

单击工具栏中的任意工具，工具属性栏就会显示对应工具的具体属性设置。使用者可以在属性栏中对相应工具进行设置以满足图片编辑和绘画的需求。

套索工具对应属性栏

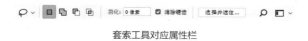

移动工具对应属性栏

4. 控制面板

"窗口"下拉菜单中包含有多个控制面板，如导航器、信息、颜色、色板、图层、通道、路径等。在菜单中单击对应控制面板名称，该面板即会出现在界面右侧。一般来说，不需要将所有控制面板全部打开，只需打开颜色类面板和图层类面板即可。如果对控制面板设置的内容不满意，执行【窗口】|【工作区】|【复位基本功能】命令即可将控制面板还原到原始设置。

"窗口"下拉菜单　　　　　对应的控制面板内容

5. 名称栏

名称栏显示的是当前在Photoshop中打开的文件名称及该文件的相关信息。当前被选中显示在主视图中的文件在名称栏中的底色较浅。

未标题-1 @ 50%(RGB/8) * ✕

6. 工作区

工作区是进行图片编辑和绘画的区域。所有工具都仅在工作区中产生效果。

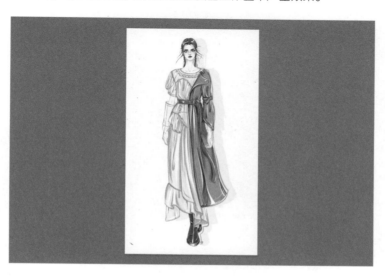

7. 状态栏

状态栏左侧显示的是当前文件的缩放比率，右侧可自由选择显示的内容，一般默认显示文件大小。

25% 文档:12.4M/225.9M ›

✓ 文档大小
文档配置文件
文档尺寸
测量比例
暂存盘大小
效率
计时
当前工具
32 位曝光
存储进度
智能对象
图层计数

宽度: 1574 像素 (19.99 厘米)
高度: 2755 像素 (34.99 厘米)
通道: 3(RGB 颜色, 8bpc)
分辨率: 200 像素/英寸

按住可显示详细内容　　　　　　　　单击选择显示内容

1.1.4　Photoshop 常用的绘图工具

Photoshop常用的绘图工具介绍如下。

1. 画笔工具

画笔工具是在Photoshop中不可或缺的绘画工具。在工具栏中单击选中画笔工具后，可以在对应的属性栏中选择不同的画笔，并设置画笔的大小、模式、不透明度等。

✎ ● 1102 ✓ ☑　模式: 铅笔　不透明度: 100% ✓ ✎　流量: ✓ ☑　平滑: 0% ✓ ⚙ ☐ 抹到历史记录 ✎

接下来我们将通过举例的方式介绍画笔工具的各种详细设置。

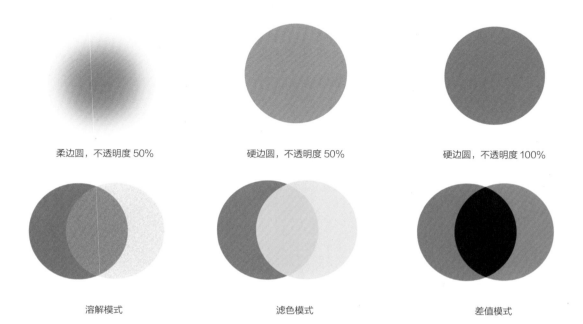

柔边圆，不透明度 50%　　　　　硬边圆，不透明度 50%　　　　　硬边圆，不透明度 100%

溶解模式　　　　　　　　　滤色模式　　　　　　　　　差值模式

2. 裁剪工具

裁剪工具是编辑图片、对图片进行后期处理时常用的一种工具，其作用是裁剪画面大小。

裁剪前　　　　　　裁剪区域　　　　　　裁剪后

3. 魔棒工具

使用魔棒工具可以快速选中某个闭合区域，选中后对该区域的内容进行修改不会溢出区域边界影响到其余内容，是一种十分便捷、常用的工具。

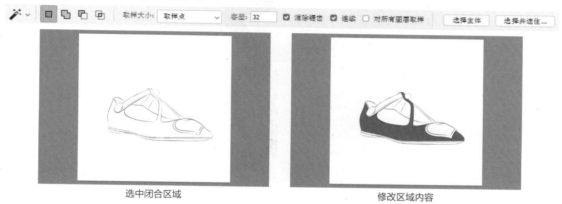

选中闭合区域　　　　　　　　修改区域内容

4. 文字工具

文字工具是在Photoshop中进行图片编辑时常使用的一种工具，可以在图片的任意位置添加文字。通过文字工具的属性栏还可以设置文字的字体、颜色等内容。

接下来将对不同设置下输出的文字效果进行举例。

方正舒体　　　　　　方正姚体　　　　　　华文彩云

1.2 不同画笔工具的设置及效果

本节将介绍在时装画绘制中常用到的SAI笔刷工具的设置方法，及对应的笔刷效果。

1.2.1 "笔"工具

"笔"工具是时装画绘制中常使用的笔刷工具，无论是草稿还是线稿都可以选择"笔"工具进行绘制，绘制出来的稿件线条清晰、美观。

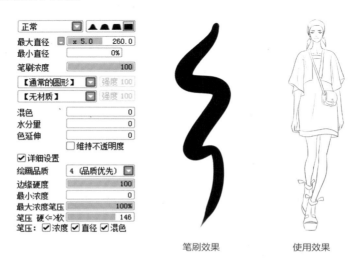

笔刷效果   使用效果

1.2.2 "水彩笔"工具

使用"水彩笔"工具绘制的线条边缘模糊而朦胧，不适合用来绘制线稿，但常用于上色，尤其适合用来绘制物体的阴影和暗部，或是用来绘制颜色的渐变效果。

笔刷效果   使用效果

1.2.3 "模糊"工具

"模糊"工具本身没有色彩，在上色部分上进行涂抹能使色块变得模糊，常用来涂抹物体明暗面边缘，使物体的明暗面和底色更好地结合在一起，产生更细腻的立体感。需要注意的是，模糊工具不宜大范围使用，否则会使画面变得过于模糊、脏乱。

正常	▲ ▲ ▣ ■
最大直径	x 5.0　　10.0
最小直径	60%
笔刷浓度	21
【通常的圆形】	强度 74
【无材质】	强度 38
混色	21
水分量	47
色延伸	38
□ 维持不透明度	
模糊笔压	100%
☑ 详细设置	
绘画品质	2
边缘硬度	0
最小浓度	0
最大浓度笔压	100%
笔压 硬<=>软	100
笔压：☑浓度 ☑直径 ☑混色	

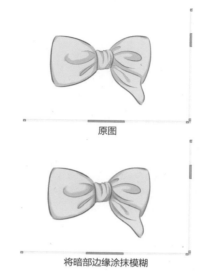

原图

将暗部边缘涂抹模糊

1.2.4 "马克笔"工具

"马克笔"工具绘制出来的线条边缘清晰、压感很弱，色彩轻薄透明、质地轻盈，不适合用来勾线，但上色效果清新、淡雅，别具一格。

正常	▲ ▲ ▣ ■
最大直径	x 5.0　　210.0
最小直径	50%
笔刷浓度	100
【通常的圆形】	强度 50
【无材质】	强度 95
混色	100
色延伸	45
☑ 详细设置	
绘画品质	4（品质优先）
边缘硬度	0
最小浓度	0
最大浓度笔压	100%
笔压 硬<=>软	100
笔压：☑浓度 ☑直径 ☑混色	

笔刷效果

使用效果

1.2.5 "屋漏痕毛笔"工具 🖌：

　　"屋漏痕毛笔"工具 🖌是一种比较特殊的画笔工具，绘制效果是斑驳的色块，形似屋檐长期漏水至墙壁形成的漏痕，有着独特的美感。在时装画绘制中不经常使用到"屋漏痕毛笔"工具，但在某些特别的面料表现上，这种笔刷能产生很好的效果。如印染面料的印染痕迹，利用"屋漏痕毛笔"工具的笔刷效果能够很轻易地绘制出来。

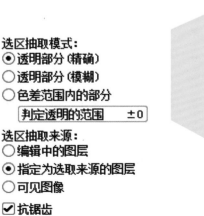

笔刷效果　　　　　　　使用效果

1.2.6 "油漆桶"工具 🪣：

　　"油漆桶"工具 🪣常常被用于填充物体底色或是绘制色块背景，使用它能够快速地完成一个封闭区域的色彩填充。

使用效果

第**2**章
人体动态实例表现

本章主要介绍人体结构的基础表现，男性、女性人体的比较以及儿童人体的比例三方面的人体动态实例表现。

2.1 人体结构基础表现

本节针对人体构成、人体比例以及人体平衡具体讲解人体结构基础表现。

2.1.1 人体构成

人体从外表看分为头、颈、躯干、四肢几部分，而骨骼是组成人体的重要元素。下图是成人骨骼示意图。

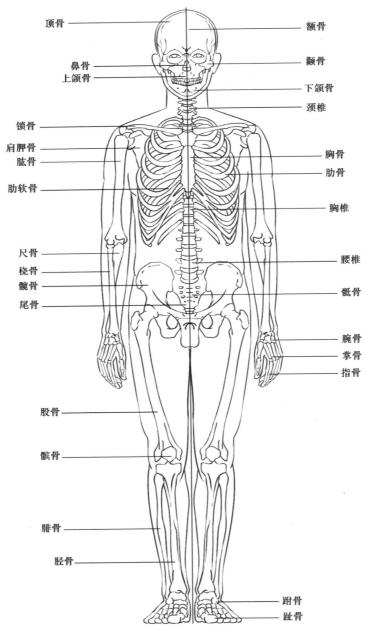

顶骨 —— 额骨

鼻骨 —— 颧骨
上颌骨

下颌骨
颈椎

锁骨

肩胛骨 —— 胸骨
肱骨 —— 肋骨

肋软骨 —— 胸椎

尺骨 —— 腰椎
桡骨
髋骨 —— 骶骨
尾骨

腕骨
掌骨
指骨

股骨

髌骨

腓骨

胫骨

跗骨
趾骨

2.1.2　人体比例

　　人体比例涉及腿身比、头身比、腰臀比、肩臀比、身高三围指数等。时装画中的人体的头身比一般是9头身，下图是男性和女性正面、背面头身比的示意图。

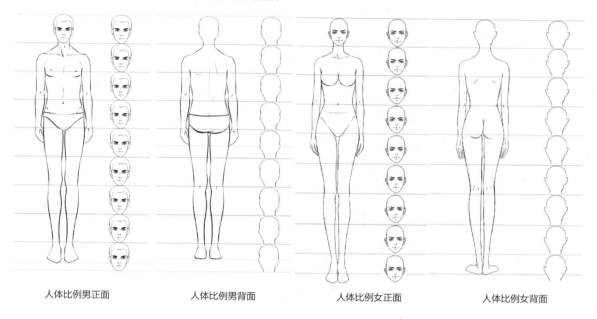

人体比例男正面　　　　　　　人体比例男背面　　　　　　　人体比例女正面　　　　　　　人体比例女背面

2.1.3　人体平衡

　　人体平衡是人物相对静止的状态，指身体的平稳和稳定。下图是时装画手绘中常见的站姿人体平衡示意图。

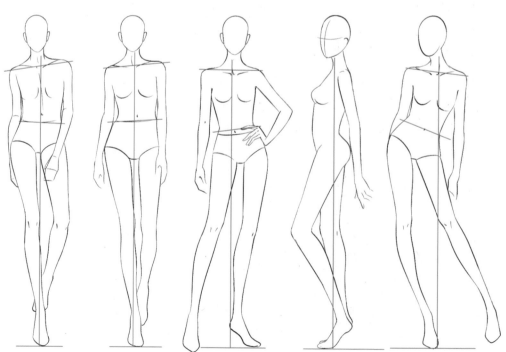

2.2 男性、女性人体的比较

本节通过不同的人体姿态实例对男性和女性的人体进行了比较。

2.2.1 正面体

在时装画绘制中，通常将作为服饰载体的人物绘制成8头身或9头身，较常人更修长的身姿能更好地展示服饰。绘制正面体时，最重要的是要注意躯干、手部、腿部等部位都要左右对称。

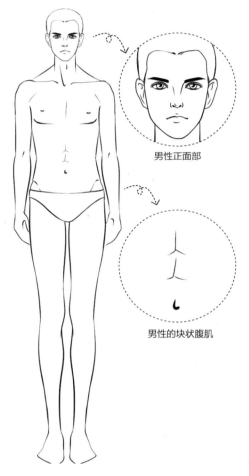

8.5头身的男性正面体

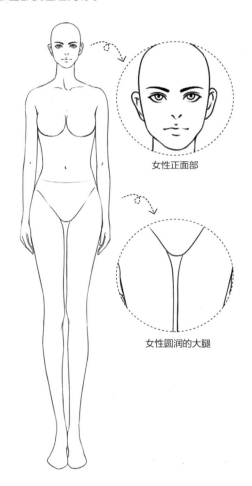

9.5头身的女性正面体

绘制男性正面体时，需要注意男性的五官比较冷硬，眉毛形状方正，鼻孔和鼻梁的形状比较突出；同时男性的身体线条凌厉、冷硬，转折较少。此外，还可以将男性的部分肌肉表现出来，增强人物的男子气概。

绘制女性正面体时，需要注意女性的五官起伏较小，形状柔和；同时女性的身体线条圆润、柔软，胸部、腰部等部位的起伏较大。

2.2.2 侧面体

　　绘制侧面体时，最重要的是注意侧面的脊椎形状并不是笔直的，而是呈弯曲的S形。同时，由于是正侧面的角度，注意人物的远侧身体几乎会被近侧身体完全遮挡住。此外，在人物放松站立时，从侧面可以看到手臂下垂时有一个微微弯曲的弧度，而不是笔直地垂落的。

　　绘制男性侧面体时，需要注意男性身体轮廓的　　　　　绘制女性侧面体时，需要着重描绘女性的胸
起伏很平缓，没有过多的转折。　　　　　　　　　　　部、腰部和臀部，展现出女性的曲线美。

2.2.3 3/4 侧面体

3/4侧面的形态能更好地展示人物的身体曲线，绘制贴身型服饰时常选用此种人物姿态。绘制3/4侧面体时，需要注意人物的重心要正确，否则人物会有东倒西歪的违和感。同时，需要注意远侧身体的透视，遵循"近大远小"的原则。

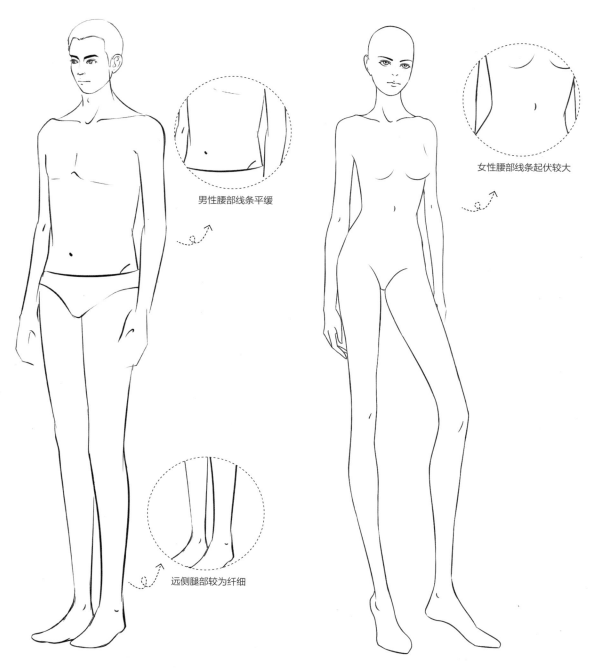

男性腰部线条平缓

远侧腿部较为纤细

女性腰部线条起伏较大

绘制男性3/4侧面体时，需要注意男性的身体线条平缓，缺少变化。

绘制女性3/4侧面体时，需要注意女性的身体线条较男性更柔和，整体身姿更窈窕。

2.2.4 背面体

　　人物的背面角度是比较少用到的一种形态。绘制背面体时，需要注意绘制出人体背面较为明显的骨骼和肌肉，如蝴蝶骨、脊椎、膝窝等。

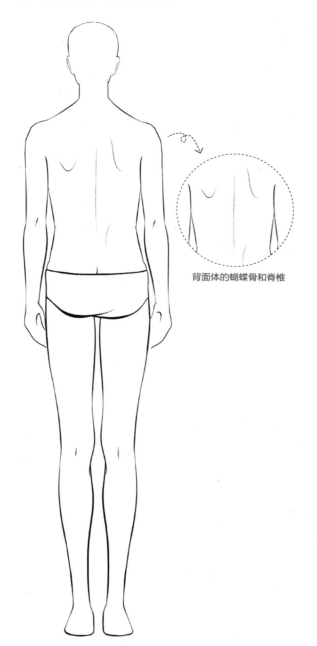

背面体的蝴蝶骨和脊椎

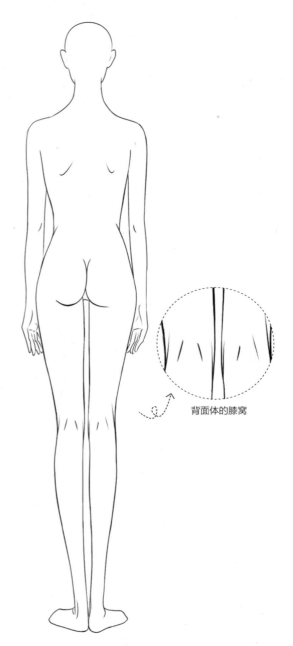

背面体的膝窝

　　绘制男性背面体时，需要注意由于男性腰部的起伏较小，所以腰部与手臂之间的缝隙也较窄。同时，男性的臀部较女性更为紧窄，形状也偏向方形一些。男性的膝窝部分的骨节从背后看会非常明显。

　　绘制女性背面体时，需要注意女性腰部与手臂之间的缝隙很大。同时，女性的臀部呈向内挤压的圆球状，形状较男性浑圆。此外，女性的小腿肌肉没有男性那么明显。

2.2.5 叉腿动态

绘制叉腿动态时，需要注意人物的重心是否设置正确。

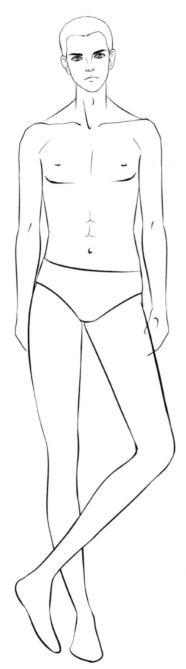

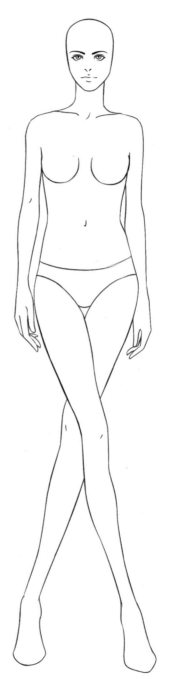

男性叉腿时，姿态通常比较随意，身体的重心在支撑腿上，另一条腿单独做出交叉的姿态。注意由于支撑腿承载整个身体的重量，整体的长度会显得比另一条腿稍短一些。

女性叉腿时，通常会踮起脚尖，使腿部形态更加修长，姿态优雅。女性叉腿姿态的重心通常在两腿之间。

2.2.6 行走动态

人物行走时，各个部位的骨骼和肌肉都会被行走的动作牵引拉伸，从而产生不同的变化。绘制人物行走动态时，要注意将容易观察到的骨骼和肌肉的变化绘制出来。

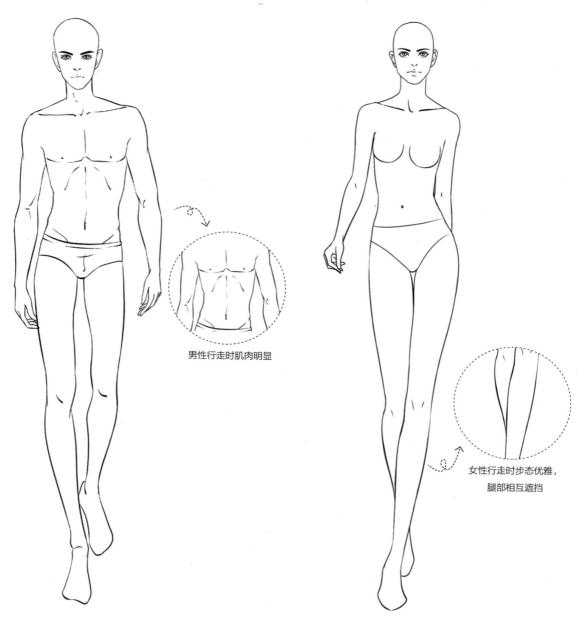

男性行走时肌肉明显

女性行走时步态优雅，
腿部相互遮挡

男性行走时，重心通常前倾，整体形态是一个"弓"形，需要根据"近大远小"的透视原则，把握好人体区块的大小。同时，男性的肌肉较为明显，可以绘制出容易观察到的腹肌、胸肌、肱二头肌等部位，增强人物的男子气概。

女性行走时的姿态比较优雅，重心略微靠后，腿部伸展在最前方，一只手臂摆动在最后方以保持平衡。同时，女性的步态较男性更加柔美，通常走在一条直线上，前后两条腿彼此间的遮挡更多，腿间的缝隙很窄。

2.2.7 站立静态

人物静立时，通常是两腿微张、双臂自然下垂的休闲姿态，而不是双腿并拢、双臂紧贴身侧的僵硬姿态。

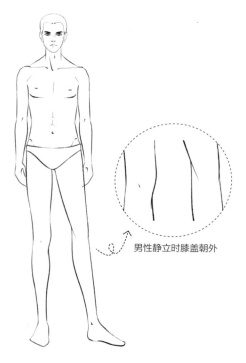

男性静立时膝盖朝外

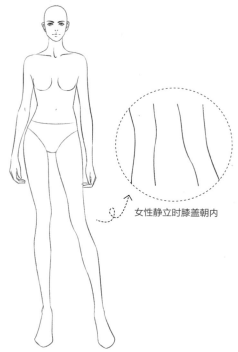

女性静立时膝盖朝内

男性静立时，双腿会张得比较开，膝盖部位向外，传达出一种大气随意的感觉。

女性静立时，膝盖向内侧靠拢，小腿部分张开，整体姿态较男性更加柔美。

2.2.8 坐姿静态

人物坐着时，上半身一般保持挺直的姿势，即颈、胸、腰保持平直。双脚大致平行，膝盖自然弯曲成直角，脚放在地面上，手轻放在大脚上。但是在时装画手绘中，人物的脚和脚的摆放常常发生变化，不采用常规的坐姿，而是选择更加入画的坐姿，如脚尖踮起、单腿伸直等，让画面看起来更加灵动。

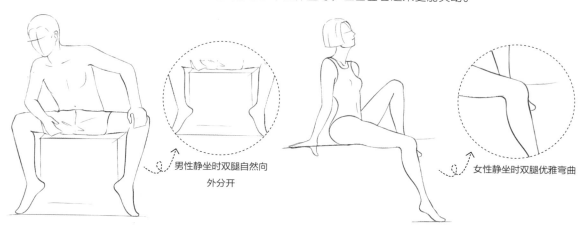

男性静坐时双腿自然向外分开

女性静坐时双腿优雅弯曲

2.3 儿童人体的比例

本节通过不同的人体姿态实例对幼儿和青少年的人体进行比较。

2.3.1 幼儿

幼儿是指1~6周岁的孩子，幼儿的头身比一般是3~5头身，下图是幼儿不同状态下人体的示意图。

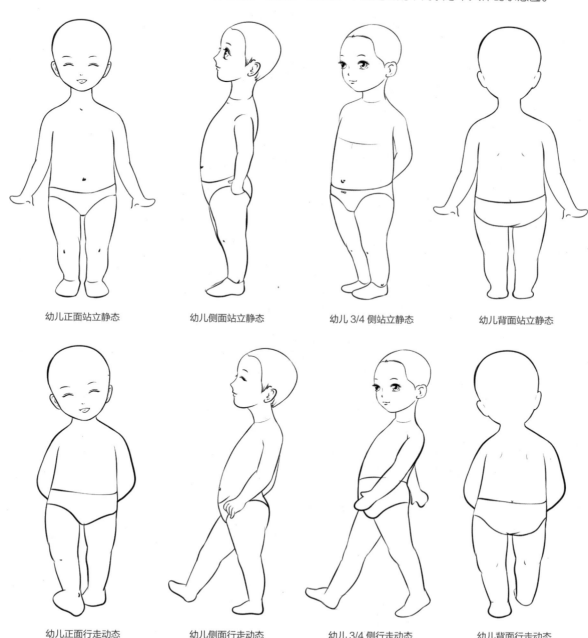

幼儿正面站立静态　　　　幼儿侧面站立静态　　　　幼儿 3/4 侧站立静态　　　　幼儿背面站立静态

幼儿正面行走动态　　　　幼儿侧面行走动态　　　　幼儿 3/4 侧行走动态　　　　幼儿背面行走动态

青少年是介于儿童与成年人之间的一个年龄段的人，青少年的头身比一般是7头身，下图是青少年不同状态下人体的示意图。

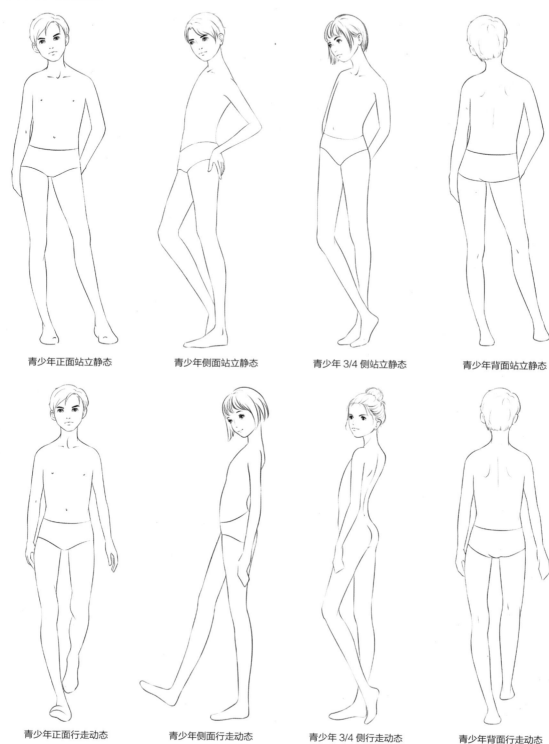

青少年正面站立静态　　　　青少年侧面站立静态　　　　青少年 3/4 侧站立静态　　　　青少年背面站立静态

青少年正面行走动态　　　　青少年侧面行走动态　　　　青少年 3/4 侧行走动态　　　　青少年背面行走动态

第 3 章

头部五官实例
表现

头部五官是时装画手绘的重要组成之一。掌握头部五官的基础知识能为后期绘制过程中区分不同性别和不同年龄人物头部的特征打下良好的基础，更加利于灵感的创作。

本章主要介绍头部结构与透视表现，女性、男性面容的表现及儿童面容的表现。

3.1 头部结构与透视表现

头部主要包括眼睛、眉毛、鼻子、嘴巴、耳朵、头发，而头部的骨骼结构在不同透视关系下呈现的状态有所不同，掌握头部的结构是学习人体以及时装画人物头面表现的基础。接下来针对不同透视角度头部结构与透视表现进行讲解。

3.1.1 头骨结构

头部骨骼分为脑颅和面颅两部分，脑颅呈卵圆形，占头部的1/3，面颅约占头部2/3。头骨的形状决定了头部的外形特征，具有差异性，例如性别差异、年龄差异、个性差异等。下图是不同视角头骨结构的示意图。

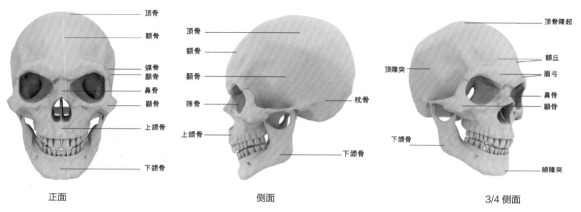

正面　　　　　　　　　　侧面　　　　　　　　　　3/4 侧面

3.1.2 不同角度的头部透视

透视是头部表现的难点，不同角度的头部练习有利于把握透视变化。绘制时注意确定头部中线和五官辅助线，把握头部的运动规律，还要注意近大远小、近高远低的变化。

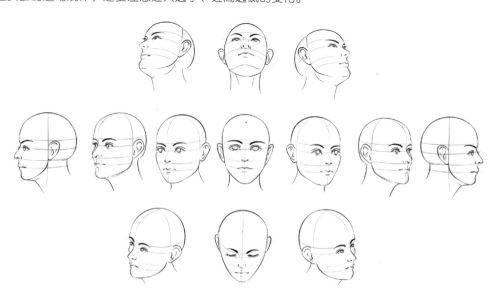

3.2 女性面容的表现

面容包括脸形和五官，在绘制时需要先了解不同性别及年龄段人物面容的特征及不同五官的画法。这里先针对女性面容的表现进行讲解。

3.2.1 五官基本比例

女性的脸形偏曲线感，下巴较尖。右图是女性正面五官基本比例分析图。

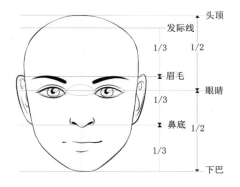

3.2.2 不同角度眼睛的表现

女性不同角度眼睛的表现虽然透视角度不同，但其绘制步骤一样，大致可分为8步。

01 画出眼眶的草图，确定大致形状。

02 绘制眼睛的线稿，确定轮廓线，注意区别内眼角和外眼角的变化。

03 绘制睫毛等细节，完善眼睛的线稿。

04 给眼睛周围铺上皮肤底色，注意眼白部分要预留出来。

05 选择比皮肤底色稍深的颜色晕染表现眼影效果。

06 继续加深眼影的颜色，并画出眼珠的底色。

07 刻画眼珠内的光影效果，注意把握好层次变化。

08 绘制眼珠的高光部分，调整并完善局部细节，完成绘制。

1. 正面眼睛

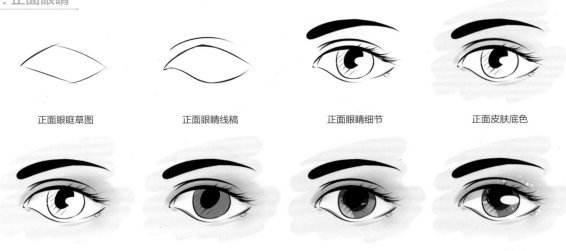

正面眼眶草图	正面眼睛线稿	正面眼睛细节	正面皮肤底色
正面眼影晕染 1	正面眼影晕染 2+ 眼珠底色	正面眼珠晕染	正面眼珠高光

2. 侧面眼睛

侧面眼睛草图

侧面眼睛线稿

侧面睫毛细节

侧面皮肤底色

侧面眼影晕染

侧面眼珠底色

侧面眼珠晕染

侧面眼珠高光

3. 3/4 侧眼睛

3/4 侧眼睛轮廓

3/4 侧眼珠 + 眉毛

3/4 侧睫毛细节

3/4 侧皮肤底色 + 眼影晕染 1

3/4 侧眼珠晕染

3/4 侧眼珠暗部

3/4 侧眼影晕染 2

3/4 侧眼珠高光

3.2.3 不同角度鼻子的表现

女性的鼻子小巧秀美，不同角度鼻子的表现虽然透视角度不同，但其绘制步骤一样，大致可分为5步。

01 根据比例关系画出正面鼻子的外形辅助线。

02 参照辅助线确定鼻头和鼻孔的位置，绘制鼻子线稿。

03 画出鼻子底色。

04 刻画鼻子的暗部，加强颜色明暗对比，凸显体积感。

05 隐藏"辅助线"图层，调整并完善鼻子的效果。

1. 正面鼻子

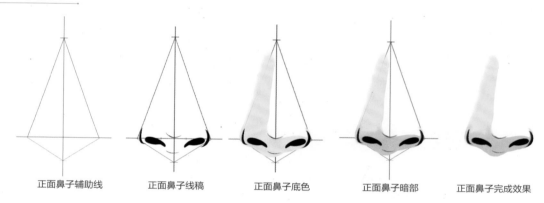

正面鼻子辅助线　　　正面鼻子线稿　　　正面鼻子底色　　　正面鼻子暗部　　　正面鼻子完成效果

2. 侧面鼻子

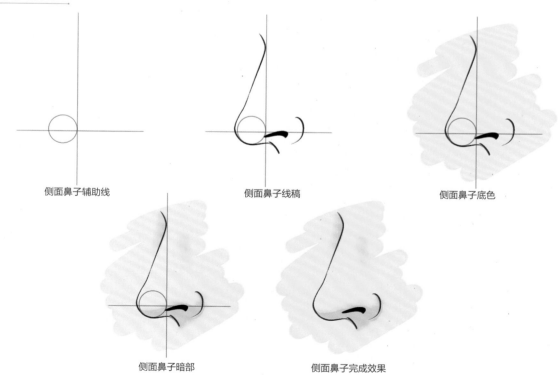

侧面鼻子辅助线　　　侧面鼻子线稿　　　侧面鼻子底色

侧面鼻子暗部　　　侧面鼻子完成效果

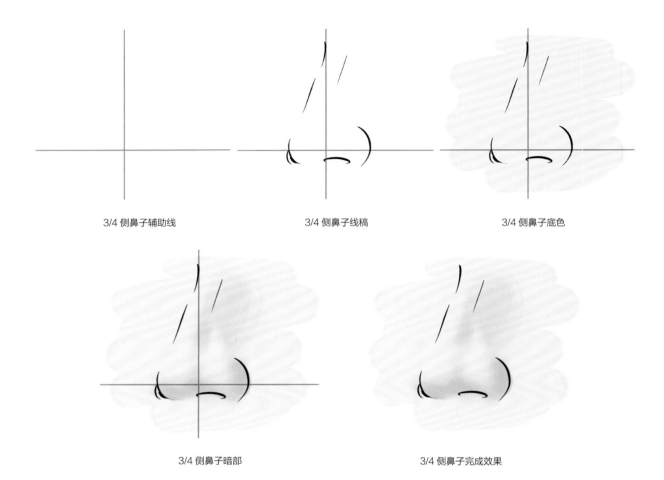

3/4 侧鼻子辅助线　　　　　3/4 侧鼻子线稿　　　　　3/4 侧鼻子底色

3/4 侧鼻子暗部　　　　　　3/4 侧鼻子完成效果

3.2.4　不同角度嘴巴的表现

女性的嘴巴不适宜过宽，不同角度嘴巴的表现虽然透视角度不同，但其绘制步骤一样，大致可分为6步。

01 画出十字形辅助线，根据比例关系画出嘴巴的草图。

02 参照辅助线确定嘴巴的位置，绘制嘴巴线稿。

03 画出皮肤和嘴巴的底色。

04 刻画嘴巴的暗部及高光部分，加强颜色明暗对比，凸显体积感。

05 修改嘴巴线稿的颜色，让画面看起来更加和谐统一。

06 隐藏"辅助线"图层，完成嘴巴的表现。

1. 正面嘴巴

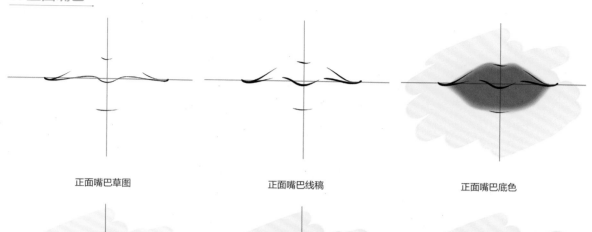

正面嘴巴草图

正面嘴巴线稿

正面嘴巴底色

正面嘴巴明暗

正面线稿改色

正面嘴巴完成效果

2. 侧面嘴巴

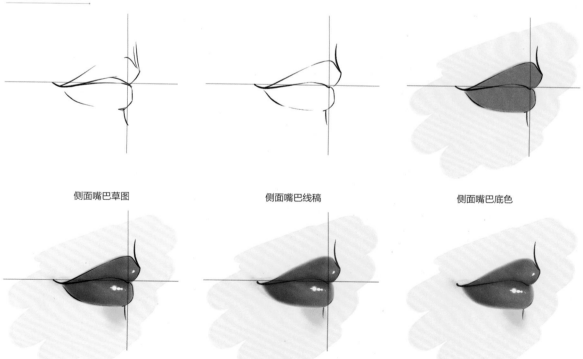

侧面嘴巴草图

侧面嘴巴线稿

侧面嘴巴底色

侧面嘴巴明暗

侧面线稿改色

侧面嘴巴完成效果

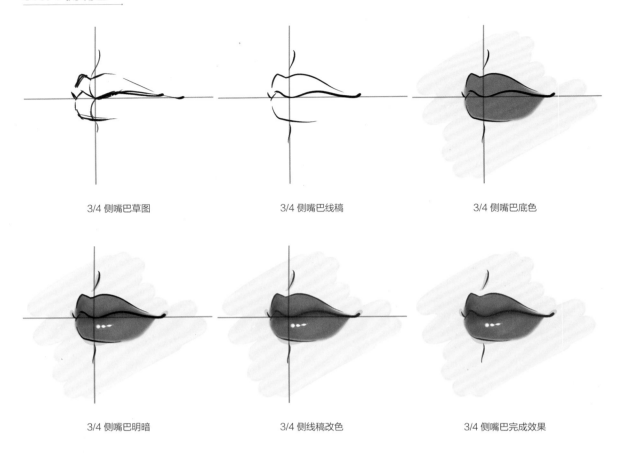

3/4 侧嘴巴草图　　　　　　　3/4 侧嘴巴线稿　　　　　　　3/4 侧嘴巴底色

3/4 侧嘴巴明暗　　　　　　　3/4 侧线稿改色　　　　　　　3/4 侧嘴巴完成效果

3.2.5　不同角度头面的表现

　　女性不同角度头面的表现虽然透视角度不同，但其绘制步骤一样，大致可分为4步。

　　01 画出头面的大致轮廓。

　　02 画出三庭五眼的辅助线，确定五官的比例关系。

　　03 准确绘制出头部轮廓和五官的线稿。

　　04 隐藏"辅助线"图层，并完善局部细节刻画，完成头面的表现。

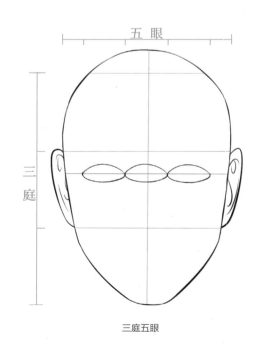

三庭五眼

Tips：三庭是指脸的长度比例，把脸的长度分为三等份，分别是前额发际线至眉骨、眉骨至鼻底、鼻底至下巴。

　　　　五眼是指脸的宽度比例，以眼睛的长度为单位，把脸的宽度分为 5 等份。

1. 正面头面

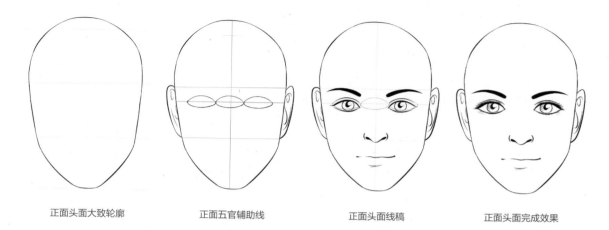

正面头面大致轮廓 　　　　 正面五官辅助线 　　　　 正面头面线稿 　　　　 正面头面完成效果

2. 侧面头面

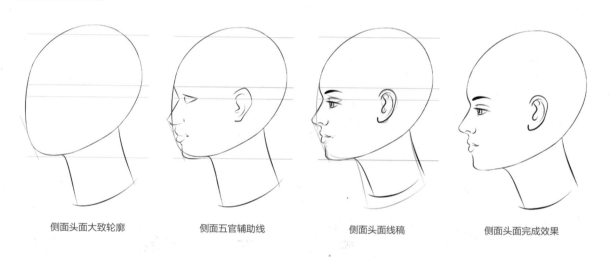

侧面头面大致轮廓 　　　　 侧面五官辅助线 　　　　 侧面头面线稿 　　　　 侧面头面完成效果

3. 3/4 侧头面

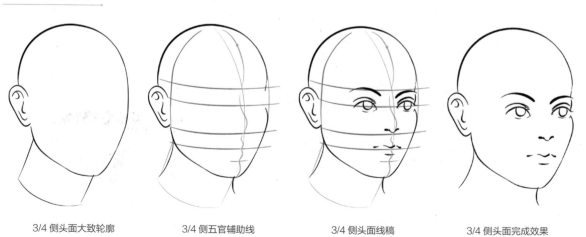

3/4 侧头面大致轮廓 　　　　 3/4 侧五官辅助线 　　　　 3/4 侧头面线稿 　　　　 3/4 侧头面完成效果

3.3 男性面容的表现

本节针对男性面容的表现进行讲解。

3.3.1 五官基本比例

男性的脸形偏直线感，下巴较方。右图是男性正面五官基本比例分析图。

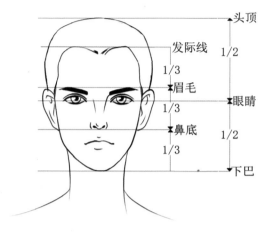

3.3.2 不同角度眼睛的表现

男性不同角度眼睛的表现虽然透视角度不同，但其绘制步骤一样，大致可分为3步。

01 用色块的形式画出眼睛、眉毛大致的轮廓，注意把握好整体比例关系。

02 表现眼窝和鼻骨的体积感并刻画眼珠的细节。

03 用线条刻画眼睛的轮廓并添加睫毛等细节，绘制眼珠的高光，完成绘制。

1. 正面眼睛

正面眼睛大致轮廓　　　　　　正面眼窝和鼻骨的体积感　　　　　　正面眼睛细节刻画

2. 侧面眼睛

侧面眼睛大致轮廓　　　　　　侧面眼睛明暗关系　　　　　　侧面眼睛细节刻画

3/4 侧眼睛大致轮廓　　　　3/4 侧眼睛明暗关系　　　　3/4 侧眼睛细节刻画

3.3.3　不同角度鼻子的表现

　　男性的鼻子直挺有型，鼻梁较高，不同角度鼻子的表现虽然透视角度不同，但其绘制步骤一样，大致可分为3步。

　　01 根据透视关系画出不同角度鼻子的线稿。

　　02 给鼻子铺上底色。

　　03 在明暗交界线的位置画出鼻子的暗部，凸显体积感，注意颜色晕染要自然。

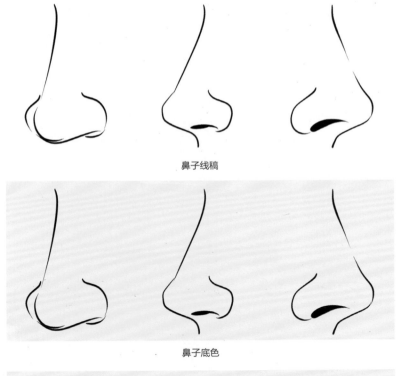

鼻子线稿

鼻子底色

鼻子明暗

3.3.4　不同角度嘴巴的表现

男性的嘴巴趋向扁宽形且比较饱满，不同角度嘴巴的表现虽然透视角度不同，但其绘制步骤一样，大致可分为4步。

01 根据透视关系画出嘴巴的线稿，注意把握好线条的节奏感。

02 画出皮肤和嘴巴的底色。

03 画出皮肤和嘴巴的暗部，注意层次变化要丰富。

04 刻画嘴巴的高光部分，并修改线稿的颜色，让整体画面更加融合。

1. 正面嘴巴

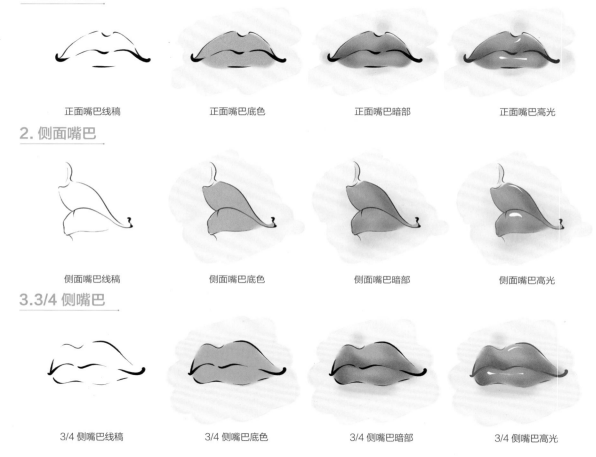

正面嘴巴线稿　　　　正面嘴巴底色　　　　正面嘴巴暗部　　　　正面嘴巴高光

2. 侧面嘴巴

侧面嘴巴线稿　　　　侧面嘴巴底色　　　　侧面嘴巴暗部　　　　侧面嘴巴高光

3.3/4 侧嘴巴

3/4 侧嘴巴线稿　　　3/4 侧嘴巴底色　　　3/4 侧嘴巴暗部　　　3/4 侧嘴巴高光

3.3.5　不同角度头面的表现

男性不同角度头面的表现虽然透视角度不同，但其绘制步骤一样，大致可分为4步。

01 画出头面的大致轮廓。

02 画出三庭五眼的辅助线，确定五官的比例关系。

03 准确绘制出头部轮廓和五官的线稿。

04 隐藏"辅助线"图层，并完善局部细节刻画，完成头面的表现。

1. 正面头面

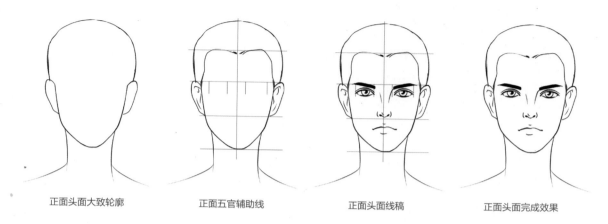

正面头面大致轮廓　　正面五官辅助线　　正面头面线稿　　正面头面完成效果

2. 侧面头面

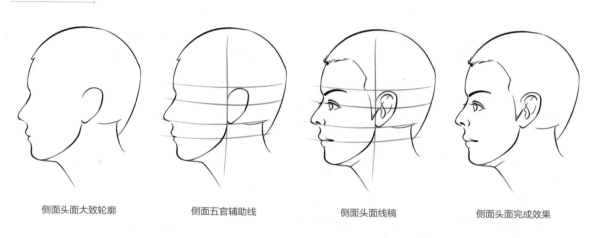

侧面头面大致轮廓　　侧面五官辅助线　　侧面头面线稿　　侧面头面完成效果

3. 3/4 侧头面

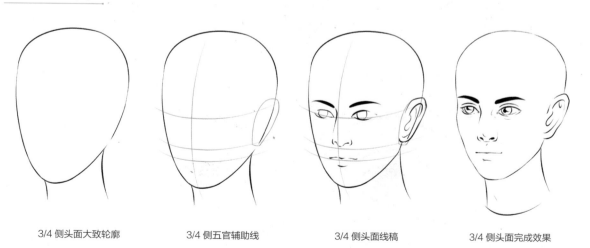

3/4 侧头面大致轮廓　　3/4 侧五官辅助线　　3/4 侧头面线稿　　3/4 侧头面完成效果

3.4 儿童面容的表现

本节针对儿童面容的表现进行讲解。

3.4.1 五官基本比例

儿童的脸形偏曲线感，下巴短圆。右图是儿童正面五官基本比例分析图。

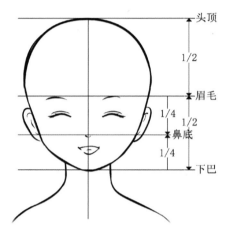

3.4.2 不同角度眼睛的表现

儿童不同角度眼睛的表现虽然透视角度不同，但其绘制步骤一样，大致可分为5步。

01 画出眼睛的线稿，注意细节刻画要到位。

02 绘制皮肤和眼珠的底色。

03 绘制眼珠的内容结构和色彩层次变化，并表现眼影效果。

04 绘制眼珠的亮面、投影，凸显体积感、空间感。

05 绘制眼珠的高光部分，调整并完善局部细节，完成绘制。

1. 正面眼睛

正面眼睛线稿

正面皮肤和眼珠底色

正面眼珠结构和眼影

正面眼珠亮面和投影

正面眼珠高光

2. 侧面眼睛

侧面眼睛线稿

侧面皮肤和眼珠底色

侧面眼珠结构和眼影

侧面眼珠亮面和投影

侧面眼珠高光

3.3/4 侧眼睛

3/4 侧眼睛线稿

3/4 侧皮肤和眼珠底色

3/4 侧眼珠结构和眼影

3/4 侧眼珠亮面和投影

3/4 侧眼珠高光

3.4.3 不同角度鼻子的表现

儿童的鼻子短小而圆润，不同角度鼻子的表现虽然透视角度不同，但其绘制步骤一样，大致可分为3步。

01 根据透视关系画出不同角度鼻子的线稿。

02 画出鼻子的底色。

03 画出鼻子的暗部，凸显体积感。

1. 正面鼻子

正面鼻子线稿　　　　　　　　正面鼻子底色　　　　　　　　正面鼻子暗部

2. 侧面鼻子

侧面鼻子线稿　　　　　　　　侧面鼻子底色　　　　　　　　侧面鼻子暗部

3. 3/4 侧鼻子

3/4 侧鼻子线稿　　　　　　　3/4 侧鼻子底色　　　　　　　3/4 侧鼻子暗部

3.4.4 不同角度嘴巴的表现

儿童的嘴巴小巧可爱、颜色红润，不同角度嘴巴的表现虽然透视角度不同，但其绘制步骤一样，大致可分为3步。

01 画出嘴巴的轮廓线，注意线条要有虚实、粗细变化。

02 画出嘴巴的底色并添加暗部。

03 画出嘴巴的高光部分，增强体积感，完成绘制。

1. 正面嘴巴

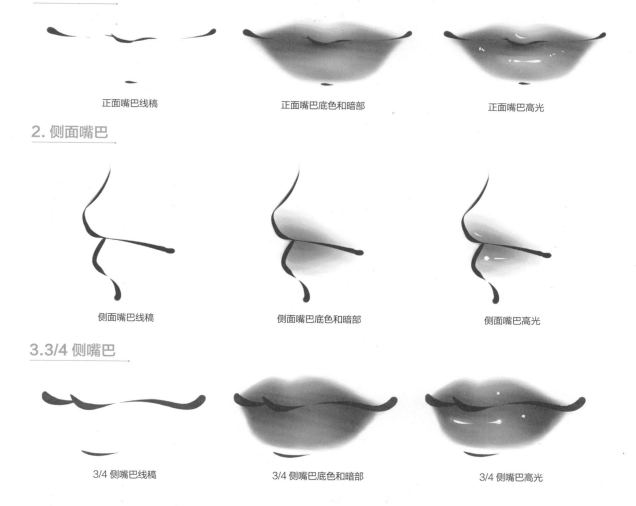

正面嘴巴线稿　　　　　　　　正面嘴巴底色和暗部　　　　　　　　正面嘴巴高光

2. 侧面嘴巴

侧面嘴巴线稿　　　　　　　　侧面嘴巴底色和暗部　　　　　　　　侧面嘴巴高光

3. 3/4 侧嘴巴

3/4 侧嘴巴线稿　　　　　　　　3/4 侧嘴巴底色和暗部　　　　　　　　3/4 侧嘴巴高光

3.4.5 不同角度头面的表现

儿童不同角度头面的表现虽然透视角度不同，但其绘制步骤一样，大致可分为3步。

01 画出脸型、颈肩、耳朵的线条，确定头面大致轮廓。

02 根据比例关系，准确绘制出五官的线稿。

03 绘制出头发的线稿，调整并完善头面的表现。注意把握好整体造型，线条要有虚实、疏密变化。

1. 正面头面

正面头面大致轮廓

正面五官线稿

正面头面完成效果

2. 侧面头面

侧面头面大致轮廓

侧面五官线稿

侧面头面完成效果

3. 3/4 侧头面

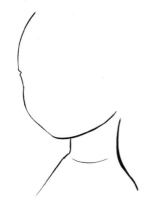

3/4 侧头面大致轮廓

3/4 侧五官线稿

3/4 侧头面完成效果

第4章
面料实例表现

本章主要通过案例的方式介绍在服装设计中经常使用的面料的绘制方式，共包括蕾丝面料、丹宁面料、亚麻面料、纱面料、苏格兰格纹面料、巴宝莉格纹面料、皮革面料、豹纹面料、斑马纹面料、印花面料、皮草面料这11种。

资源获取验证码：80109

4.1 蕾丝面料时装表现

蕾丝面料有无弹和有弹之分，它的用途广泛，一般纺织品类都能够加入漂亮的蕾丝元素，常常以锦纶、棉、涤纶为主用作春装和秋装。

绘制要点

① 半透明面料的表现方式。

② 如何使用面料素材。

③ 毛领的表现方法。

主要面料

蕾丝面料

使用工具

① "笔"工具

② "水彩笔"工具

③ "橡皮擦"工具

④ "模糊"工具

⑤ "油漆桶"工具

绘制步骤

01 运行SAI软件，执行【文件】|【新建文件】命令，弹出"新建图像"对话框。新建"人体"图层，选择"笔"工具绘制出正面模特行走的动态。

02 新建"草稿"图层，绘制草稿，根据人体走向，绘制腿部的前后关系时要注意手部及胳膊与身体的遮挡关系。

03 新建一个图层，绘制皮肤的底色。由于裙子为半透明状，在绘制肤色的时候要将人体的所有部分上色。新建一个图层，选取较皮肤底色略暗的颜色绘制第二层肤色（即皮肤的暗部），并选择"模糊"工具 进行轻微涂抹。

04 降低"人体""草稿"图层的不透明度，新建"线稿"图层，用平滑顺畅的线条将人体及裙子的结构表现出来，注意毛丝走向的绘制。

05 新建一个图层，绘制头发的底色，头顶部分可以适当留白。为了更好地表现头发暗部，底色要选择明度较高的颜色，不要选择明度低的颜色。

06 新建一个图层，选择比底色略深的颜色绘制头发的暗部。

07 新建一个图层，选择较头发底色明度略高的颜色，根据头发的走向绘制头发的高光部分。

08 新建一个图层，选择常见的眼珠颜色绘制眼珠底色。再选择较深的颜色绘制眼珠的阴影。最后选择白色绘制眼珠的高光，增强通透感。

09 新建一个图层，绘制第一层眼影，并选择"模糊"工具 ，缩小笔刷直径来涂抹眼影的边缘部分，注意不要大面积涂抹。

10 新建一个图层，选择较深的颜色，重复上一步骤绘制第二层眼影。新建一个图层，绘制眼线与睫毛。本次的妆容偏向创意妆，所以这一步只绘制了下眼睫毛。

Tips：上眼皮对眼珠的遮挡会产生眼珠部分的阴影。

11 新建一个图层，绘制嘴唇的底色，并选择"模糊"工具涂抹底色边缘，让嘴唇看起来生动，不生硬。

12 新建一个图层，绘制嘴唇暗部，并选择"模糊"工具进行小面积涂抹。新建一个图层，绘制高光。

蝴蝶结的绘制技巧

蝴蝶结底色

蝴蝶结细化

13 新建一个图层，绘制出蝴蝶结的底色。新建一个图层，选择比底色略深的颜色绘制第一层暗部，并用"模糊"工具轻微涂抹；然后选择更深的颜色绘制第二层，不需要使用"模糊"工具。

Tips：通过两次阴影的绘制表现出来的暗部比较生动。

14 新建一个图层，绘制打底裤。

15 新建一个图层，降低图层的不透明度，绘制具有透明感的裙装底色。

17 新建一个图层，选择明度较高的颜色绘制裙子的亮部。注意笔刷大小要随高光的宽窄需求进行灵活调整。

16 新建一个图层，选择"水彩笔"工具 ✏️，选择比裙子底色稍暗的颜色绘制裙装的暗部。

19 选中蕾丝素材图层，执行【图层】|【亮度->透明度】命令。

Tips：合并图层的快捷键为 Ctrl+E。

20 在蕾丝素材图层上方新建一个图层，勾选"剪贴图层蒙版"，选择"油漆桶"工具将画布填充为白色，将蕾丝素材转换成白色。然后把新建的图层与蕾丝素材图层合并。最后，选定蕾丝图层，并勾选"剪贴图层蒙版"。

18 打开一张蕾丝素材图片，执行【图层】|【自由变换】命令，将蕾丝素材拖动至需要绘制蕾丝的部位。注意蕾丝图层需要放置在"裙子"图层组的上方。

21 选择"橡皮擦"工具 擦除多余的蕾丝素材。

23 新建一个图层，绘制鞋子的底色和暗部，并添加装饰物。新建一个图层，同样按照"底色""暗部"的顺序绘制腰带。

22 在裙子底色的图层上方新建一个图层，选择"笔"工具 绘制裙装的暗部，并配合"模糊"工具 进行轻微涂抹。

手部前后关系擦除前

手部前后关系擦除后

26 选中"线稿"图层，选择"橡皮擦"工具 ✏️ 擦除被衣物遮挡的手部线稿。选中"裙子底色"图层，擦除被手部遮住的裙子部分颜色。

25 新建一个图层，绘制毛丝由浅到深的两层暗部。注意第二层暗部不要与第一层暗部完全重叠，要绘制出层次变化。

24 新建一个图层，选择明度较高的颜色绘制毛丝。注意通过压感笔的压感画出毛丝的毛尖。

27 新建一个图层，绘制裙子上的装饰。

4.2 丹宁面料时装表现

丹宁面料是指斜纹织法、靛蓝染色的粗斜纹布，也就是现在的牛仔布，它是一种比较结实、有活力且永不过时的面料。

绘制要点

① 丹宁面料的表现方法。
② 眼镜链的绘制方法。
③ 如何表现长靴的光泽感。

主要面料

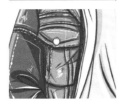

丹宁面料

使用工具

① "笔"工具
② "水彩笔"工具

绘制步骤

01 运行SAI软件，执行【文件】|【新建文件】命令，弹出"新建图像"对话框。新建"人体"图层，选择"笔"工具 绘制人物的身体轮廓，确定人物的姿态。

02 降低"人体"图层的不透明度。新建"草稿"图层，根据已经设定好的人物姿态，绘制符合主题的衣物，确定人物造型。

皮肤底色

皮肤阴影1

皮肤阴影2

03 降低"草稿"图层的不透明度。新建"线稿"图层，根据已经画好的草稿，勾勒出准确的人物线稿，注意线条要自然流畅，线条之间要闭合。线稿绘制完成后，隐藏"人体"图层和"草稿"图层。

04 新建一个图层，绘制皮肤的底色。新建"皮肤阴影1"图层，勾选"剪贴图层蒙版"，选择"水彩笔"工具，为人物的皮肤上一层浅色阴影。新建"皮肤阴影2"图层，勾选"剪贴图层蒙版"，为人物皮肤上第二层深色阴影，增强皮肤的光泽感和立体感。

☑ 剪贴图层蒙版

	皮肤阴影2
	正常
	100%
	皮肤阴影1
	正常
	100%
	肤色
	正常
	100%

皮肤阴影图层设置

05 新建一个图层，选择"笔"工具，绘制嘴唇的形状。新建一个图层，加深唇缝。新建一个图层，细化嘴唇的立体感。

06 新建一个图层，绘制眼珠的底色。新建一个图层，绘制瞳孔和暗部。新建一个图层，绘制虹膜上的亮部。新建一个图层，绘制眼部高光，强化眼睛的立体感和通透感。

07 新建一个图层，选择"水彩笔"工具 ，绘制第一层眼影。新建一个图层，加深眼影内侧。新建一个图层，再次加深眼影内侧，增强眼影的层次感，让双眼更有神采。

08 新建一个图层，选择"笔"工具 ，绘制头发的底色，根据头发的走势适当留白。新建一个图层，绘制头发的暗面，增强头发的层次感。

10 新建一个图层，为连体裤绘制
阴影，增强衣物的立体感。

09 新建一个图层，绘制连体裤
的底色，注意适当留白。

11 新建"外套"图层，绘制外套
的底色。

12 新建"加深"图层，为
外套加深一层色泽，增强
色彩的层次感。

13 新建一个图层，根据
基础的明暗关系绘制外
套的阴影。

14 新建一个图层，绘制丹
宁面料衣物上常见的明线工
艺，丰富画面的细节。

17 最后做一些调整。新建"眼线"图层，为人物绘制上扬眼线，增强人物的时尚感。新建"光泽"图层，将图层混合模式设置为"发光"，为人物身上的配饰（眼镜框、眼镜链、耳环）绘制金属的反光，并再次加强长靴的亮面。

混合模式 发光

眼线
底色

光泽

"光泽"图层设置

15 新建一个图层，绘制长袜的底色。新建"细化"图层，选择"水彩笔"工具 ，增强长袜的立体感。

16 新建一个图层，绘制长靴的底色。新建一个图层，细化长靴的明暗关系，增强靴子的立体感。

长靴的绘制技巧

长靴底色　　长靴暗部　　长靴亮部

4.3 亚麻面料时装表现

　　亚麻分为纤用、油用、纤油两用三类，都属于一年生的草本植物。亚麻面料的吸湿性好、导湿快、线的直径相对较细，并且具有抗过敏、防静电、抗菌的功能，是夏季服饰的主要原料之一。

绘制要点

① 亚麻面料的表现方法。

② 头巾的绘制方法。

主要面料

亚麻面料

使用工具

① "笔"工具

② "模糊"工具

③ "喷枪"工具

绘制步骤

01 新建"人体"图层，选择"笔"工具 绘制出正面人物行走的动态。

02 新建"草稿"图层，绘制草稿，注意根据人体绘制正确的衣褶走向。

03 新建一个图层，降低"人体""草稿"图层的不透明度，用平滑的线条绘制线稿。绘制完成后，隐藏"人体""草稿"图层。

04 新建一个图层，绘制皮肤的底色。新建一个图层，绘制皮肤第一层暗部，主要绘制在皮肤受遮挡附近的位置并选择"模糊"工具轻轻涂抹暗部边缘。新建一个图层，选择较第二层肤色略深的颜色，绘制面积更小的皮肤的第二层暗部。

05 新建一个图层，绘制外套和裙子底边的底色。

外套整体效果

外套纹理细节

06 新建一个图层，勾选"剪贴图层蒙版"，绘制外套和裙边的暗部。注意要绘制出遮挡所形成的阴影形状。

07 在SAI中打开亚麻面料素材，并放置于外套上方。

08 选中亚麻面料图层，勾选"剪贴图层蒙版"，并将图层混合模式设置为"正片叠底"，即可表现出亚麻纹理效果。

09 新建一个图层，绘制唇部的底色，要注意画出嘴巴的形状。

10 新建一个图层，绘制唇部的暗部，并配合"模糊"工具进行轻微涂抹，在这里要注意"模糊"工具笔刷不要太大。

Tips：使用"模糊"工具时，如果感觉没有效果或感觉模糊效果太过，导致暗部无法表现出来，可以查看自己的"模糊"工具笔刷是否太大，这里的笔刷要接近绘制唇线时铅笔工具的笔刷直径。

11 新建一个图层，绘制唇部高光，小面积点画即可。

12 新建一个图层，绘制内搭连衣裙的底色。

13 重复步骤07和步骤08的操作，让内搭连衣裙也表现出亚麻面料质感。

15 新建一个图层，绘制头巾的暗部。

14 新建一个图层，绘制头巾的底色。

16 重复步骤07和步骤08 的操作，让头巾也表现出亚麻面料的质感。

17 新建一个图层，
绘制包包的底色。

18 新建一个
图层，绘制包
包的暗部。

19 新建一个图层，绘
制出包包翻盖上的装饰
纹路，丰富配饰细节。

22 新建一个图层，平涂出眼影的底色色块，并选择"模糊"工具 涂抹边缘。

23 新建一个图层，叠加第二层眼影，增强眼妆的深邃度。

20 新建一个图层，选择与衣物同色系的颜色绘制鞋子的底色，增强搭配的和谐感。

21 新建一个图层，绘制鞋子的暗部，并将鞋面的装饰花纹图案同时绘制出来。

24 新建一个图层，叠加第三层眼影，同时绘制出眼珠的底色。

25 新建一个图层，勾选"剪贴图层蒙版"，选择"喷枪" 工具，绘制出眼珠的暗部。

26 新建一个图层，选择"笔"工具 ，选择浅色绘制眼睛反光区域，并选择"模糊"工具 进行轻微涂抹。

27 新建一个图层，绘制眼珠的高光。新建一个图层，同样按照"底色""阴影""高光"的顺序绘制出耳环。

碎发

高光

28 最后做一些调整。新建一个图层，绘制一些漏出头巾的碎发。新建一个图层，将效果图整体的高光绘制出来，完成绘制。

4.4 纱面料时装表现

纱是一种把棉、毛、麻、化学纤维等纤维拉长后捻纺成的细缕，是织布的原材料。纱面料的手感柔软、蓬松，质地轻薄，被广泛运用于夏季服饰和婚纱等。服装设计中常用的纱面料有提花纱、星星纱、硬纱、网纱、欧根纱等。

绘制要点

① 纱面料的表现方法。

② 皮带的绘制方法。

主要面料

纱面料

使用工具

① "笔"工具

② "水彩笔"工具

③ "模糊"工具

绘制步骤

01 新建"人体"图层，选择"笔"工具 ✏️ 绘制人物的身体轮廓，确定人物的姿态。

02 将"人体"图层的不透明度调整为20%，新建"草稿"图层，绘制人物的造型草稿。

03 将"草稿"图层的不透明度调整为20%，新建"线稿"图层，勾勒出准确的人物线稿，注意线条要流畅。勾勒完成后隐藏"人体"图层和"草稿"图层。

04 新建"线稿改色"图层，勾选"剪贴图层蒙版"，改变线稿的颜色来提高线稿与上色部分的统一性。

05 新建"皮肤"图层，绘制皮肤的底色。新建一个图层，再绘制两层不同深浅的皮肤暗部，并细化出颈部经脉、面部颧骨等较明显的人体起伏部位。选择"模糊"工具涂抹暗部边缘。

皮肤的绘制技巧

底色

暗部

阴影

06 新建一个图层，绘制眼睛的底色。新建一个图层，绘制眼睛内部的暗面。新建一个图层，选择浅色绘制眼珠的高光。

07 新建一个图层，绘制眼妆的底色，并为眉毛刷上眼妆色。新建一个图层，丰富眼妆的层次。新建一个图层，绘制深色眼线。新建一个图层，为人物绘制淡淡的腮红，并点上雀斑，增强妆容的时尚感。最后选择"模糊"工具，模糊眼妆的边缘，让眼妆与皮肤底色更好地融合在一起。

08 新建一个图层，绘制头发的底色。新建一个图层，顺着头发的走势绘制头发的暗部，并细化出颜色更深的发丝。新建一个图层，绘制出头发的闪亮光泽。

09 新建一个图层，绘制耳钉的底色。新建一个图层，绘制耳钉的弧状暗面。新建一个图层，绘制耳钉的高光，增强耳钉的珠宝质感。

10 新建一个图层，为人物的嘴唇上底色。新建一个图层，绘制嘴唇自然的阴影。新建一个图层，再次加深唇部的阴影，主要加深唇缝。新建一个图层，选择浅色绘制嘴唇的高光。

11 新建一个图层，绘制连衣裙的底色。注意手臂部分要留出一段空白，以体现"纱"面料的透明质感。

12 新建一个图层，
绘制连衣裙的阴影
部分。新建一个图
层，绘制颜色更深
的暗面，增强裙子
的立体感。

13 新建一个图层，顺
着衣物褶皱的凸起部
分绘制连衣裙亮面。
新建一个图层，选择
"水彩笔"工具 ，
绘制外套映射在连衣
裙上的环境色。

手套的绘制技巧

手套底色

手套暗部

手套亮部

不透明度43%效果

14 新建一个图层，选择"笔"工具，绘制手套的底色。新建一个图层，勾选"剪贴图层蒙版"，根据基础的明暗关系细化手套的明暗关系，增强立体感。最后将"手套"图层的不透明度调整为43%，凸显手套材质特征。

15 新建一个图层，绘制外套的底色。

16 新建一个图层，勾选"剪贴图层蒙版"，绘制外套的第一层暗部，并选择"模糊"工具🖌️模糊边缘。

17 新建一个图层，叠加第二层暗部，这一层不需要模糊边缘。新建一个图层，绘制外套的亮部。

18 新建一个图层，绘制腰带的底色，注意适当留白。新建一个图层，顺着腰带的走势和褶皱绘制暗部。新建一个图层，调整腰带孔的颜色。

鞋子的绘制技巧

鞋子底色

鞋子明暗

鞋子底部

19 新建一个图层，绘制鞋子的底色，注意适当留白。新建一个图层，顺着鞋子的形状和鞋面自然产生的褶皱，细化鞋子的明暗，增强鞋子的立体感。新建一个图层，为鞋底上色，注意前端要留白。

20 最后对人物做一些调整。新建一个图层，降低图层的不透明度，为衣物绘制一层柔光效果。新建一个图层，强化衣物的亮面，增强衣物的质感。新建一个图层，绘制人物身后的阴影，增强整个画面的立体感和纵深感。

4.5 苏格兰格纹面料时装表现

苏格兰格子图案历史悠久，是现代服装设计中重要的元素之一，并且其运用的形式、手法、风格也越来越丰富，日趋多样化。它的纹路变化多，可繁可简，样式可变不固定。

绘制要点

① 苏格兰格纹面料的表现方法。

② 围巾的绘制方法。

主要面料

苏格兰格纹面料

使用工具

① "笔"工具

② "橡皮擦"工具

③ "模糊"工具

绘制步骤

01 新建"人体"图层，选择"笔"工具 🖊，绘制出人物的外形轮廓和五官。

02 新建"草稿"图层，在人体上绘制大致的人物造型设计。

03 将"人体"和"草稿"图层
的不透明度调整为20%。

05 在"线稿"图层上方新建一个图
层，勾选"剪贴图层蒙版"，将线稿
的颜色改成与构想中的上色部分相近
的颜色。线稿绘制完成后，隐藏"人
体"和"草稿"图层。

04 新建"线稿"图层，按照草
稿的设计勾勒出准确的线稿。

皮肤的绘制技巧

皮肤底色

皮肤加深

皮肤细化

06 新建一个图层，绘制皮肤的底色。新建"加深"图层，为皮肤绘制红润光彩。新建"细化"图层，选择更深的颜色细化出面部的立体感，并选择"模糊"工具 涂抹阴影边缘，使深色与皮肤底色更好地融合在一起。

07 新建一个图层，绘制眼珠的底色。新建一个图层，选择深色细化眼珠的结构。新建一个图层，绘制出眼珠的高光，让人物双眼更有神。

08 新建一个图层，绘制一层眼影，并选择"模糊"工具涂抹眼影边缘，使眼妆与皮肤能够自然地融合。重复叠加3次眼影，绘制出有层次感的眼妆。

09 新建一个图层，绘制嘴唇的底色。新建一个图层，绘制出嘴唇的暗部，并选择"模糊"工具涂抹暗部边缘。新建一个图层，绘制嘴唇的高光，增强唇部立体感。

10 按照"底色""暗部"的顺序绘制出人物的头发。

围巾的绘制技巧

围巾底色

围巾暗部

围巾花纹

11 新建一个图层，绘制围巾的底色。新建一个图层，顺着围巾的走势和褶皱的起伏绘制暗部。新建一个图层，将图层的不透明度设置为50%，绘制出团状纹路，丰富围巾细节，增强时尚感。

12 在SAI中打开一张苏格兰格纹面料素材，将素材拖动至外套处，并选择"橡皮擦"工具擦除多余的素材。新建一个图层，将图层的不透明度调整为50%，绘制外套的暗部。

豹纹的绘制技巧

豹纹底色　　　豹纹明暗　　　豹纹花纹

13 新建一个图层，为外套的翻领、口袋、袖口绘制底色。新建一个图层，将图层的不透明度调整为61%，绘制暗部，并选择"模糊"工具✐涂抹暗部边缘。新建"豹纹1"图层，绘制椭圆形的豹纹斑点。新建"豹纹2"图层，绘制围绕着椭圆斑点的黑斑。新建一个图层，绘制出打底衫的纹路。

14 按照步骤12的方法绘制出苏格兰格纹长裤。

15 新建一个图层，绘制丝袜的底色。新建一个图层，绘制丝袜的明暗，并选择"模糊"工具✐涂抹暗部和亮部边缘，强调丝袜的柔和质感。

围巾高光

裤子高光

皮鞋的绘制技巧

皮鞋底色

皮鞋暗部

皮鞋细化

16 按照 "底色" "暗部" "花纹" 的顺序绘制皮鞋。

17 新建一个图层，为全图添加亮部。

4.6 巴宝莉格纹面料时装表现

巴宝莉格纹是指米色底，红色、驼色、黑色、白色组成的格子纹路，此面料的图案经典且具有代表性。

绘制要点

① 巴宝莉格纹面料的表现方法。

② 墨镜的绘制方法。

③ 渔网袜的绘制方法。

④ 半透明衣料的绘制方法。

主要面料

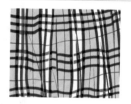

巴宝莉格纹面料

使用工具

① "笔"工具

② "模糊"工具

绘制步骤

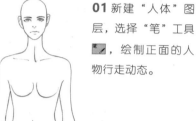

01 新建"人体"图层，选择"笔"工具，绘制正面的人物行走动态。

02 新建"草稿"图层，绘制人物的服饰造型。

03 降低"人体""草稿"图层的不透明度。新建"线稿"图层，勾勒出准确的人物线稿，注意线条要流畅简洁。勾勒完成后隐藏"人体""草稿"图层。

04 新建一个图层，绘制皮肤的底色。新建一个图层，绘制两层深浅不同、范围不同的暗部，强化皮肤色彩层次。

05 新建一个图层，绘制第一层眼影，并选择"模糊"工具 模糊眼影边缘。新建一个图层，再次叠加眼影，增强眼妆的层次感。

06 新建一个图层，绘制眼珠的底色。新建一个图层，细化眼珠的结构，并绘制出眼部的高光。

07 新建一个图层，绘制嘴唇的底色。新建一个图层，勾选"剪贴图层蒙版"，加深嘴唇下缘和唇缝，增强唇部丰满感。新建一个图层，绘制唇部的高光。

08 新建一个图层，绘制帽子的底色。新建一个图层，根据基础的明暗关系绘制帽子的暗部，强化帽子的立体感。新建一个图层，为帽子绘制具有时尚感的简约波浪纹路，丰富帽子的细节。

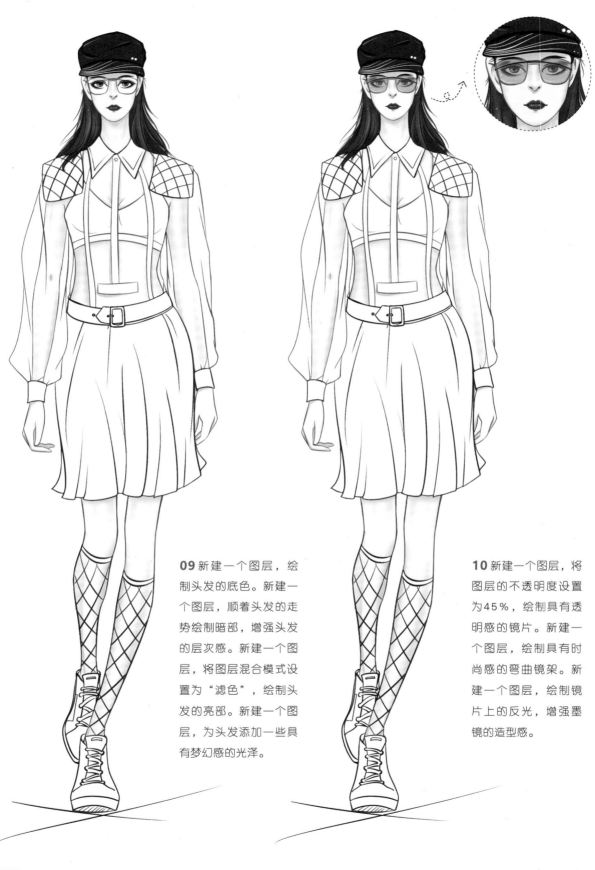

09 新建一个图层，绘制头发的底色。新建一个图层，顺着头发的走势绘制暗部，增强头发的层次感。新建一个图层，将图层混合模式设置为"滤色"，绘制头发的亮部。新建一个图层，为头发添加一些具有梦幻感的光泽。

10 新建一个图层，将图层的不透明度设置为45％，绘制具有透明感的镜片。新建一个图层，绘制具有时尚感的弯曲镜架。新建一个图层，绘制镜片上的反光，增强墨镜的造型感。

11 新建一个图层，绘制垫肩和衣领的底色，注意垫肩部分适当留白表现亮部。新建一个图层，细化衣领格纹和头发投落的阴影，强化衣领的半透明质感。新建一个图层，将图层混合模式设置为"正片叠底"，绘制垫肩部分的阴影，强化立体感。

12 新建一个图层，选择一个低饱和度的颜色为背心铺上底色，注意留白表现高光部分。新建一个图层，为背心绘制具有时尚感的花纹图样。新建一个图层，将图层混合模式设置为"正片叠底"，绘制背心的暗部。

13 新建一个图层，降低图层的不透明度，绘制上衣纱的质感。新建一个图层，降低图层的不透明度，细化颜色较深的纱衣褶皱和重叠部分。

14 新建一个图层，绘制上身饰带的底色。新建一个图层，细化底部横向饰带，绘制巴宝莉花纹。注意巴宝莉格纹的绘制重点之一是要绘制出条纹相接处的变色效果。

15 按照"底色""暗部"的顺序绘制皮带。

16 新建一个图层，选择浅色来绘制短裙的底色。新建一个图层，绘制第一层格纹，注意纹路要随着裙子的褶皱而起伏。

17 新建一个图层，绘制第二层格纹，完成巴宝莉格纹图案的绘制。注意巴宝莉格纹的绘制重点之一是格纹的层层叠加。

18 新建一个图层，绘制渔网袜的袜边。新建一个图层，选择浅灰色来表现白色运动鞋的暗部。

19 新建一个图层，为人物的全身衣物增绘边缘清晰的高光。

4.7 皮革面料时装表现

皮革是一种经过脱毛等物理、化学加工而成的动物皮，经过加工它变得不易腐烂。皮革面料表面具有特殊的粒面层，有自然的粒纹和光泽，手感舒适。

绘制要点

① 职业套装的绘制方法。

② 手提箱包的绘制方法。

③ 墨镜的绘制方法。

主要面料

皮革面料

使用工具

① "笔"工具

② "水彩笔"工具

③ "模糊"工具

绘制步骤

01 新建"人体"图层，选择"笔"工具绘制出正面的人物行走动态。

02 新建一个图层，用流畅的线条绘制出线稿。

03 新建一个图层，绘制肤色。新建一个图层，选择比肤色明度略高的颜色细化皮肤质感。新建一个图层，选择饱和度更高的颜色绘制肤色的暗部，并选择"模糊"工具 🖌️ 轻轻涂抹暗部边缘。

04 新建图层组，分别新建一个图层绘制帽子的底色、暗部以及高光部分。

Tips：为了突出帽子的暗部，底色不要选择纯黑色，要选择接近黑色的灰色。

05 新建一个图层，选择"笔"工具 🖌️ 绘制内搭的底色。新建一个图层，选择比底色较深的颜色绘制内搭的暗部，注意外套和丝巾对内搭的遮挡所形成的阴影的形状与位置。

06 新建一个图层，勾选"剪贴图层蒙版"，降低图层的不透明度，选择比底色明度稍高的颜色绘制内搭上的条纹。

不透明度 ▭▭ 30%
☐ 保护不透明度 ☑ 剪贴图层蒙版
○ 指定选取来源

07 新建图层组，在组内新建一个图层，绘制皮革套装的底色。

08 新建一个图层，选择"水彩笔"工具 ✏️ 绘制皮革套装的暗部。注意根据需求灵活调整笔刷直径大小。

09 新建一个图层，绘制皮革套装的亮部，注意控制力度。新建一个图层，选择"笔"工具 绘制高光。

10 在SAI软件中打开皮革面料素材，放置在皮革套装图层组上方。

11 将皮革面料图层的不透明度调整为3%，并勾选"剪贴图层蒙版"，使皮革套装呈现出皮革面料的质感。

Tips：皮革素材图层的透明度可以随意调节，达到自己想要的效果即可。

12 分别新建一个图层绘制箱包的底色和暗部。

13 新建一个图层，选择"笔"工具，并选择一个亮色来绘制箱包的撞色部分，增强时尚感。

14 新建一个图层，选择"水彩笔"工具绘制箱包的暗部。

15 新建一个图层，绘制箱包的白边。新建一个图层，绘制箱包的高光。新建一个图层，选择"笔"工具绘制皮带的底色。

16 新建一个图层，绘制皮带的暗部，并选择"模糊"工具 适度涂抹局部暗部。

17 新建一个图层，绘制鞋子的底色。

18 新建一个图层，绘制鞋子的暗部。新建一个图层，绘制鞋底的撞色部分。

19 新建一个图层，绘制嘴唇的底色。

20 新建一个图层，绘制嘴唇的暗部，并选择"模糊"工具 ![icon] 进行轻微涂抹。

21 新建一个图层，绘制嘴唇的第二层暗部，并绘制出嘴唇的亮部，增强唇部质感。

22 新建一个图层，绘制眼睛的底色。

23 新建一个图层，绘制眼睛的暗部。

24 新建一个图层，选择"水彩笔"工具 ![icon] 绘制眼睛的亮部。

25 新建一个图层，选择"笔"工具 ![icon] 绘制眼睛的高光。

26 新建一个图层，绘制眼影的底色，并选择"模糊"工具 ![icon] 进行涂抹。

27 新建一个图层，选择较第一层眼影饱和度高的颜色绘制第二层眼影。

28 新建一个图层，选择饱和度更高的颜色绘制范围较窄的第三层眼影，同样模糊掉眼影边缘。

29 新建一个图层，绘制眼线。注意下眼线部分只需要绘制到下眼眶的1/2处。

30 新建一个图层，绘制内搭毛衣的底色。新建一个图层，降低图层的不透明度，绘制出自然的毛衣条纹图样。

31 新建一个图层，为第二层内搭绘制出螺旋的条纹图样，强化配饰图样的整体性。新建一个图层，绘制丝巾的底色。新建一个图层，绘制丝巾的花纹。

32 新建一个图层，绘制皮带、皮鞋、帽子三个部分的装饰。

33 在"线稿"图层上方新建一个图层，勾选"剪贴图层蒙版"，选择接近效果图中固有色的颜色给线稿改色。

34 新建一个图层，将笔刷直径放大到与墨镜镜片同样的大小，单击鼠标左键5~10次，单个圆形即绘制完成。使用此方法绘制第二个圆形，然后缩小笔刷直径绘制眼镜架。

眼镜的绘制技巧

眼镜底色　　眼镜高光

35 新建一个图层，选择"水彩笔"工具 绘制墨镜的高光部分。

36 新建一个图层，绘制背景装饰，完善效果图。

4.8 豹纹面料时装表现

豹纹是一种常见的时装元素，主要运用于秋冬季节的单品，豹纹面料的色彩和质感非常符合秋冬季节的特点。如果在颜色、材质、款式、搭配方面运用得当，也可以用在夏末、早秋季节。

绘制要点

① 豹纹面料在服装中的运用。

② 领巾的绘制方法。

③ 运动鞋的绘制方法。

主要面料

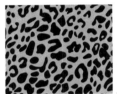

豹纹面料

使用工具

① "笔"工具

② "水彩笔"工具

③ "模糊"工具

绘制步骤

01 新建"人体"图层，选择"笔"工具 绘制出正面的人物行走动态。

02 新建"草稿"图层，确定人物的造型设计。

03 将"人体"和"草稿"图层的不透明度调整为20%。新建"线稿"图层，勾勒出准确的人物线稿。勾勒完成后，隐藏"人体"和"草稿"图层。

04 新建一个图层，绘制皮肤的底色。新建"加深"图层，在人物的发际线、眼下、鼻头等部位叠加一层比底色稍深的色彩，强调皮肤的柔润感。新建"细化"图层，细化皮肤的暗部，并选择"模糊"工具 模糊暗部边缘。

05 新建一个图层，绘制眼珠的底色，并点出眼珠的高光部分。新建一个图层，选择"水彩笔"工具 ，绘制虹膜上的高光。新建一个图层，选择"笔"工具 ，绘制眼影，并选择"模糊"工具 模糊眼影边缘，增强眼妆与皮肤的融合度。

头发的绘制技巧

头发底色　　　　头发暗部　　　　头发亮部

06 新建一个图层，绘制嘴唇，并选择"模糊"工具 模糊嘴唇下缘。新建一个图层，选择"水彩笔"工具 ，加深唇缝。新建一个图层，选择"笔"工具 ，绘制嘴唇的高光。

07 新建一个图层，为头发铺上底色。新建一个图层，将图层的不透明度调整为72%，为头发绘制一层淡淡的阴影，并选择"模糊"工具 模糊阴影的边缘，让阴影和底色更好地融合在一起。新建一个图层，细化头发的深色和浅色发丝，增强层次感。

帽子的绘制技巧

帽子底色　　　　帽子暗部　　　　帽子花纹

08 新建一个图层，绘制帽子的底色。新建一个图层，绘制帽子的暗面，并选择"模糊"工具模糊暗面边缘。新建一个图层，为帽子绘制出星星条纹图案，增强时尚感。

09 新建一个图层，绘制长裙的底色，注意留白纽扣的部分。

10 新建一个图层，根据基础的明暗关系，绘制长裙的暗面。

领巾的绘制技巧

领巾底色　　领巾暗部　　领巾花纹

11 新建一个图层，为长裙绘制时尚的明线花纹。

12 新建一个图层，绘制领巾的底色。新建一个图层，绘制领巾的暗面，并选择"模糊"工具　　涂抹暗面的边缘，塑造自然的立体感。新建一个图层，绘制简约时尚的菱格花纹，丰富领巾的细节。

挎包的绘制技巧

挎包底色1　　挎包底色2　　挎包细化

13 新建一个图层，绘制挎包的底色，并绘制包体的高光部分。新建一个图层，绘制包体的暗部。新建一个图层，绘制翻盖上的斜纹，增强时尚感。

14 新建一个图层，为披风绘制豹纹材质的底色。

15 新建一个图层，勾选"剪贴图层蒙版"，细化披风的暗部和亮部。选择"模糊"工具涂抹亮部的边缘。

16 在SAI软件中打开一张豹纹素材图片，并将素材拖动至披风处。

17 将素材图层拖动到披风底色图层上方，勾选"素材"图层的"剪贴图层蒙版"，完成披风豹纹图案的覆盖。

19 新建一个图层，绘制人物足底的"X"形图案，并在全图范围内随意地绘制圆点装饰，使整个画面更具时尚感和动感。

运动鞋的绘制技巧

运动鞋底色　　运动鞋暗部　　运动鞋高光

18 新建一个图层，绘制鞋子的底色，并顺着鞋面的起伏绘制鞋子的高光。新建一个图层，绘制鞋子的暗部，增强立体感。

4.9 斑马纹面料时装表现

斑马纹面料是一种以斑马身上纹路为基础的印花面料，能够给人带来干练、奔放的感觉，还可以打造出优雅范儿和性感风格。

绘制要点

① 绘制具有干练感的发型。

② 斑马纹面料的运用。

主要面料

斑马纹面料

使用工具

① "笔"工具

② "模糊"工具

③ "油漆桶"工具

绘制步骤

01 新建"人体"图层，选择"笔"工具 绘制出正面的人物行走动态。

02 新建"草稿"图层，在人体的基础上进行服装草稿的绘制。

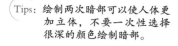

05 新建一个图层，绘制头发的底色。

06 新建一个图层，选择较深的颜色绘制头发的暗部。在发际处绘制一些细小的碎发，达到丰富画面的效果。

07 新建一个图层，绘制头发的高光，增强头发的光泽感。注意绘制面积不要太大。

03 降低"人体""草稿"图层的不透明度。新建"线稿"图层，用平滑的线条表现出服装轮廓及褶皱，完成线稿的绘制。完成绘制后，隐藏"人体""草稿"图层。

04 新建一个图层，绘制皮肤的底色。新建一个图层，选择比皮肤底色稍深的颜色绘制两层皮肤暗部，配合"模糊"工具涂抹暗部边缘。

Tips：绘制两次暗部可以使人体更加立体，不要一次性选择很深的颜色绘制暗部。

08 新建一个图层，绘制嘴唇的底色。新建一个图层，选择比底色暗的颜色绘制暗部，并选择"模糊"工具进行涂抹。

09 新建一个图层，绘制唇部的高光，使嘴唇更加丰润。

Tips：唇部高光可选用以唇部固有色为基础，而明度更高的颜色，或者使用白色。在绘制高光时局部点涂即可，不要大面积涂抹。

11 新建一个图层，勾选"剪贴图层蒙版"，选择比底色略深的颜色绘制外套的暗部，要把握好外套的前后关系与遮挡关系。新建一个图层，绘制外套上的装饰性线条。

Tips: 在新图层中使用"油漆桶"工具 上色时，如果颜色溢出外套边缘，那么一定是外套的线稿没有封闭。此时需要返回"线稿"图层，找到缺口的地方，将缺口补齐再重新使用"油漆桶"工具 上色。如果找不到缺口，可以在新图层中直接使用"笔"工具 绘制底色。

10 勾选"线稿"图层的"指定选取来源"。新建一个图层，选择"油漆桶"工具 填充外套底色。

12 在SAI软件中打开斑马纹素材图片，拖动至连体裤的位置。

13 选中"线稿"图层，勾选"指定选取来源"。新建"连体裤底色"图层，选择"油漆桶"工具，选择任意颜色为连体裤填充底色。

14 将斑马纹素材图层移到"连体裤底色"图层的上方，勾选斑马纹素材图层的"剪贴图层蒙版"，完成连体裤花纹的绘制。

15 在斑马纹图层下方新建一个图层，绘制连体裤的暗部，注意外套对连体裤的遮挡和褶皱的暗部绘制。

连体裤领口细节

连体裤裤口细节

16 在斑马纹上方新建一个图层，绘制连体裤的领口与裤口。

17 新建一个图层，绘制袜子。

18 新建一个图层，选择灰色调颜色来表现白色鞋子的暗部。新建一个图层，绘制围巾的底色。

19 新建一个图层，绘制围巾的花纹，让画面看起来更加精细。

20 新建一个图层，按照"底色""暗部""高光"的顺序绘制项链。

21 新建一个图层，绘制眼珠的底色。新建一个图层，降低笔刷浓度，绘制眼珠的暗部。新建一个图层，绘制出第一层眼影，并选择"模糊"工具 涂抹眼影边缘。用同样的方式再次叠加一层眼影，增强眼妆的层次感。

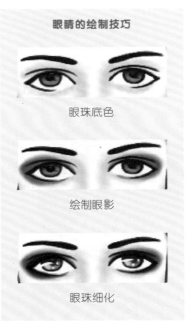

眼睛的绘制技巧

眼珠底色

绘制眼影

眼珠细化

22 新建一个图层，绘制眼线与眼部高光。

23 调整并完善画面细节，让画面看起来整洁干净，完成绘制。

4.10 印花面料时装表现

印花面料是一种用坯布印花纸高温印染加工而成的面料，其花纹变化丰富，深受大家的喜爱，也是服装设计常用的元素之一。

绘制要点

① 印花面料在服装中的运用。

② 皮质长靴的绘制方法。

③ 毛线帽的绘制方法。

主要面料

印花面料

使用工具

① "笔"工具

② "水彩笔"工具

③ "模糊"工具

绘制步骤

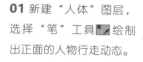

01 新建"人体"图层，选择"笔"工具 绘制出正面的人物行走动态。

02 新建"草稿"图层，绘制人物的服装造型。

03 将"人体"和"草稿"图层的不透明度调整为20%。新建"线稿"图层，根据已经绘制好的草稿，勾勒出准确的线稿。线稿勾勒完成后隐藏"人体"和"草稿"图层。

04 新建一个图层，勾选"剪贴图层蒙版"，将线稿的颜色改成与构想中的上色部分更贴近的颜色。

05 新建一个图层，绘制皮肤的底色。新建一个图层，选择"水彩笔"工具，选择比皮肤底色略深的颜色绘制皮肤微微泛红的效果。新建一个图层，用更深的颜色细化出面部五官的起伏和皮肤上的阴影，并选择"模糊"工具模糊阴影边缘，增强立体感。

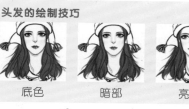

头发的绘制技巧

底色　　　暗部　　　亮部

06 新建一个图层，选择"笔"工具 ▨ 填充眼部虹膜，并绘制上眼睑投落在眼球上的阴影。新建一个图层，绘制眼影，并选择"模糊"工具 ▨ 模糊眼影边缘。新建一个图层，绘制眼线并绘制浓密的睫毛和眼珠的高光，使人物的双眼神采飞扬。新建一个图层，将图层的不透明度调整为80%，在人物的双颊绘制浅浅的雀斑，为人物增添一丝俏皮的气息。

Tips：为人物增添"不完美"的元素能让人物更有真实感。

07 新建一个图层，绘制嘴唇的形状。新建一个图层，加深唇缝和唇下的位置，并选择"模糊"工具 ▨ 模糊暗部边缘，增强嘴唇的自然立体感。新建一个图层，绘制嘴唇的光泽。

08 新建一个图层，绘制头发的底色。新建一个图层，绘制两层深浅不同的暗部，增强头发层次感。新建"亮部"图层，绘制头发的光泽。

外套的绘制技巧

底色　　　暗部　　　花纹与亮部

09 新建一个图层，绘制毛线帽的底色。新建一个图层，通过反复叠加的方式绘制出帽子繁复的花纹。

10 新建一个图层，绘制外套的底色。新建一个图层，绘制外套的暗部。新建一个图层，绘制外套翻领上的条纹图样。新建一个图层，细化衣袖贴标花纹、衣扣、扣眼，并绘制出衣物的亮部，增强立体感。

Tips：多次叠加花纹能有效加强衣物的质感。

11 新建一个图层，绘制内层卫衣的底色。新建一个图层，绘制卫衣的暗部，增强衣物的层叠感。新建一个图层，绘制衣物的花纹。

底色

暗部

亮部与花纹

12 新建一个图层，为裙子填充底色并绘制印花。新建一个图层，切断褶皱处的花纹图案，增强裙子的立体感。新建一个图层，将图层混合模式设置为"正片叠底"，绘制裙子的暗部，重点增强褶皱凹陷处的颜色。新建一个图层，将图层混合模式设置为"滤色"，将笔刷浓度调整为20，绘制裙子的亮部，增强印花面料的光泽质感。

Tips：衣物上的花纹在褶皱处会被隔断，适当表现错落的层次来凸显空间感。

13 新建一个图层，绘制长靴的底色，注意鞋底的前端要留白，以体现立体感。新建一个图层，顺着长靴的褶皱绘制暗部。新建一个图层，绘制长靴的亮部，注意鞋头光泽是弧形的。再为长靴添加一些花纹，丰富靴子的细节。

4.11 皮草面料时装表现

皮草面料是用动物皮毛制成的服装面料，皮草服装具有很好的保暖作用，其外观美且价格较高。皮草面料的主要来源是狐狸、貂、貉子、兔子、羊等皮毛动物以及大型猫科动物，主要分为小毛细、大毛细皮类和粗皮、杂皮草类。

绘制要点

① 皮草面料在服装中的运用。

② 皮质短靴的绘制方法。

③ 牛仔短裙的绘制方法。

主要面料

皮草面料

使用工具

① "笔"工具

② "水彩笔"工具

③ "模糊"工具

绘制步骤

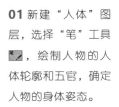

01 新建"人体"图层，选择"笔"工具，绘制人物的人体轮廓和五官，确定人物的身体姿态。

02 新建"草稿"图层，根据人物的身体姿态绘制发型和服饰造型。

03 将"人体"和"草稿"图层的不透明度调整为20%，新建"线稿"图层，勾勒出准确的线稿，注意皮草毛丝的走向要自然。勾勒完成后隐藏"人体"和"草稿"图层。

04 新建一个图层，绘制皮肤的底色。新建一个图层，勾选"剪贴图层蒙版"，选择"水彩笔"工具，在皮肤的局部晕染出柔和的红晕，增强皮肤的质感。新建"细化"图层，将图层的不透明度调整为72%，选择更深的颜色细化出五官的起伏和阴影。

05 新建一个图层，绘制眼珠的底色。新建一个图层，绘制瞳孔和上眼睑投落在眼球上的阴影。新建一个图层，将图层的不透明度调整为36%，绘制眼部的圆形和十字星形的高光。新建一个图层，选择与底色不同的颜色混入虹膜。

头发的绘制技巧

头发底色　　　　头发暗部　　　头发亮部和装饰

06 新建一个图层，选择"笔"工具 ▨ ，绘制第一层眼影，并选择"模糊"工具 ▨ 涂抹边缘，使眼影与皮肤底色能够更好地融合。新建一个图层，再叠加两层眼影，丰富眼妆层次感。

07 新建一个图层，绘制嘴唇的底色，选择"模糊"工具 ▨ 涂抹嘴唇边缘。新建一个图层，绘制嘴唇暗部并涂抹模糊。新建一个图层，绘制唇部高光，增强立体丰润感。

08 新建一个图层，绘制头发的底色。新建一个图层，绘制头发的暗面和阴影，并选择"模糊"工具 ▨ 涂抹暗面边缘。新建一个图层，绘制头发亮面并模糊边缘。新建一个图层，绘制具有梦幻感的装饰性线条和圆点。

外套的绘制技巧

外套底色

外套暗部

外套细节

09 按照"底色""暗部""亮部"的顺序绘制头饰。

10 新建一个图层，将图层画纸质感设置为"磨砂"，绘制外套的底色。新建一个图层，勾选"剪贴图层蒙版"，将笔刷浓度调整为13，绘制外套的阴影，并选择"模糊"工具模糊阴影边缘，让阴影与底色自然融合。新建一个图层，绘制外套暗部。新建一个图层，绘制外套花纹，丰富细节。

皮草的绘制技巧

皮草线稿　　　皮草底色　　　皮草明暗　　　皮草细节

11 按照"底色""暗部""亮部"的顺序绘制皮质饰带。

12 新建一个图层，绘制皮草的底色，注意绘制边缘飘逸的毛丝。新建一个图层，调低笔刷浓度，在皮草的边缘处绘制加深效果，增强皮草披肩的厚度和质感。

里衣的绘制技巧

里衣底色

里衣暗部

里衣花纹

短裙的绘制技巧

短裙底色

短裙明暗

短裙细节

13 按照"底色""暗部""花纹"的顺序，绘制出里层衣物。

14 按照"底色""明暗"及"细节"的顺序，绘制短裙。

眼镜的绘制技巧

眼镜框架　　　　眼镜底色　　　　眼镜高光

短靴的绘制技巧

短靴底色

短靴暗部

短靴细化

15 新建一个图层，绘制短靴的底色。新建一个图层，顺着靴子的褶皱绘制暗部。新建一个图层，绘制短靴的皮质饰带和鞋底，这一步要绘制利落的高光，来体现皮质的质感。

16 新建一个图层，为墨镜的镜架上色。新建一个图层，将图层的不透明度调整为63％，绘制具有半透明质感的镜片。新建一个图层，将图层混合模式设置为"发光"，绘制镜片的反光。新建一个图层，为衣饰添加一些花纹和高光，丰富造型的细节。

第5章
配饰实例表现

本章通过大量具体案例来介绍鞋子和包包这两种经常在时装展示中出现的配饰的表现方式。

5.1 鞋子的实例表现

在时装画绘制中，鞋子的造型极为多变，经常出现日常生活中较为少见的新潮款式。为时装搭配合适的鞋子，能够加强整体造型的表现力。

5.1.1 高跟鞋的绘制

绘制要点

① 锆石的绘制方法。

② 碎钻的表现方法。

③ 高跟鞋的表现方法。

使用工具

① "笔"工具

② "模糊"工具

③ "折线"工具

④ "油漆桶"工具

绘制步骤

01 新建一个图层，选择"笔"工具 ✏️ 绘制高跟鞋的草稿。

02 新建一个图层，用流畅的长线绘制高跟鞋的线稿，鞋面的锆石装饰部分的线条要勾勒精细。

03 新建一个图层，按照"底色""暗部""反射""高光"的顺序为鞋面装饰的锆石底托上色。

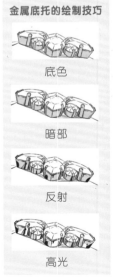

金属底托的绘制技巧

底色

暗部

反射

高光

单颗锆石的绘制技巧

底色　　暗部　　亮部　　反光　　阴影

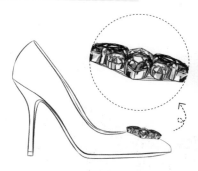

04 新建一个图层，按照"底色""暗部""亮部""反光""阴影"的顺序绘制中间的蓝色锆石。

05 新建一个图层，按照绘制单颗锆石的方式绘制出剩余部分的锆石。

06 新建一个图层，绘制鞋体的底色。

07 新建一个图层，细化鞋体暗部。新建一个图层，降低笔刷浓度，绘制出鞋体的彩色反光。

08 新建一个图层，绘制出鞋面的刺绣花纹。

09 新建一个图层，绘制出花纹上点缀的闪亮碎钻，加强鞋子的华丽感。

10 新建钢笔图层，选择"折线"工具 绘制出矩形方框。

11 单击钢笔图层的"指定选取来源"按钮。新建一个图层，选择"油漆桶"工具 为方框填色。

12 新建一个图层，绘制出条纹和圆点等丰富背景，加强画面视觉效果。

Tips：绘制背景时，可以根据需要灵活调整笔刷浓度。

5.1.2　平底鞋的绘制

绘制要点

① 磨砂物件的绘制方法。

② 柔软皮质的表现方法。

③ 平底鞋的绘制方法。

使用工具

① "笔"工具

② "模糊"工具

③ "折线"工具

④ "油漆桶"工具

绘制步骤

01 新建"草稿"图层，选择"笔"工具 ✎，绘制平底鞋的草稿，注意把握好透视关系。

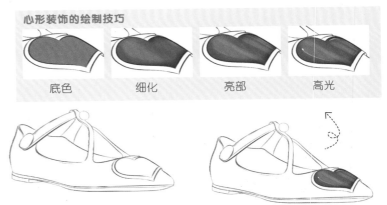

心形装饰的绘制技巧

底色　　细化　　亮部　　高光

02 新建一个图层，根据草稿的内容，用流畅的线条勾勒出精细的线稿。线稿绘制完成后，隐藏"草稿"图层。

03 新建一个图层，绘制鞋面的心形装饰，注意利用明暗层次变化表现出立体感。

金属扣的绘制技巧

底色

暗部

磨砂质感

发光

04 新建一个图层，绘制出金属扣和心形装饰周围的金色边框。

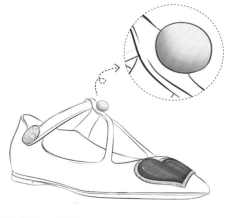

05 新建一个图层，绘制饰带上珍珠的底色。新建一个图层，降低笔刷浓度，绘制出珍珠的暗部，注意颜色要自然过渡。选择"模糊"工具，模糊暗部边缘，增强珍珠的立体感。

06 新建一个图层，绘制鞋体底色。

07 新建一个图层，绘制出鞋体的暗部。注意鞋内的暗部颜色要浓重凝实，鞋面的暗部颜色要轻柔自然。

08 新建一个图层，采用多次叠加的方式绘制出鞋体亮部。注意鞋面亮部的形状要随着鞋面的起伏而弯曲。亮部绘制完成后，选择"模糊"工具调整亮部边缘，让画面看起来更加自然。

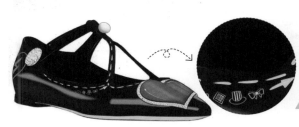

09 新建一个图层，绘制鞋面的花纹，增强时尚感。

10 新建一个图层，按照5.1.1节步骤10~步骤12的方法绘制背景。

5.1.3 滑板鞋的绘制

绘制要点

① 把握好滑板鞋的外形特征。

② 适当添加装饰纹理丰富画面的内容。

使用工具

① "笔"工具

② "折线"工具

③ "油漆桶"工具

绘制步骤

01 新建"草稿"图层，选择"笔"工具 ，绘制滑板鞋的草稿。这一步勾勒出大致的造型即可。

02 新建"线稿"图层，绘制滑板鞋的线稿，注意线条要自然流畅。线稿绘制完成后，隐藏"草稿"图层。

03 新建一个图层，从局部入手开始绘制鞋体的底色。

04 新建一个图层，根据光源方向，绘制鞋体的暗部。

 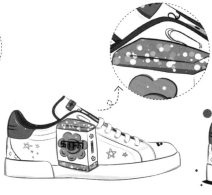 

05 新建一个图层，绘制鞋面上的花纹图案，丰富鞋面的细节。新建一个图层，绘制出鞋面的高光，注意高光的运笔要随着鞋体的转折表现出弧度变化。

06 新建一个图层，将图层混合模式设置为"滤色"，绘制第一层圆点装饰。新建一个图层，将图层混合模式设置为"发光"，绘制第二层更加闪亮的圆点装饰。

07 按照5.1.1节步骤10~步骤12的方法绘制具有时尚感的背景，通过黑与白的对比，增强画面的平衡感。

5.1.4 短靴的绘制

绘制要点

① 短靴的绘制方法。

② 皮质的表现方式。

③ 弹力布材质的表现方式。

使用工具

① "笔"工具

② "模糊"工具

③ "折线"工具

④ "油漆桶"工具

绘制步骤

01 新建"草稿"图层，选择"笔"工具 ✏️，绘制短靴的大致轮廓，注意把握好外形特征。

02 新建"线稿"图层，绘制短靴的线稿。线稿绘制完成后，隐藏"草稿"图层。

03 新建"鞋体"图层，绘制短靴底色。新建"暗部"图层，绘制短靴暗部，并选择"模糊"工具 🖌️模糊暗部边缘。

04 新建"亮部"图层，降低图层的不透明度，绘制出短靴的第一层亮部，并选择"模糊"工具 🖌️涂抹亮部边缘。再叠加两层亮部，增强亮部的层次感。新建"高光"图层，绘制出边缘清晰的高光，强化短靴的立体感。

05 新建"弹力布"图层，绘制短靴踝部弹力布的底色。新建"横纹"图层，勾选"剪贴图层蒙版"，绘制出弹力布料的横纹，体现弹力材质的质感。

06 新建"碎钻"图层，绘制出鞋面的碎钻装饰，注意要有大小变化，丰富短靴细节。

07 新建"阴影与圆点"图层，绘制短靴投落在平面上的阴影，并绘制出圆点作为背景装饰。按照5.1.1节步骤10~步骤12的方法，绘制出三角形装饰，丰富画面元素。

5.1.5 皮鞋的绘制

绘制要点

① 皮鞋的绘制方法。

② 皮质的表现方式。

使用工具

① "笔"工具

② "模糊"工具

③ "水墨"工具

④ "折线"工具

⑤ "油漆桶"工具

绘制步骤

01 新建"草稿"图层，选择"笔"工具，绘制皮鞋的造型草稿，注意鞋子的透视要准确。

02 新建"线稿"图层，绘制皮鞋的线稿，注意线条要自然流畅。可以通过调高抖动修正的数值来避免线条抖动的情况。

03 新建一个图层，选择皮鞋常见的深灰色绘制鞋体底色。

04 新建一个图层，降低图层不透明度，绘制出鞋体的暗部，并选择"模糊"工具涂抹暗部边缘。

05 新建一个图层，降低图层不透明度，绘制第一层亮部，并选择"模糊"工具将亮部边缘涂抹模糊。采用多次叠加的方法表现亮部，增强光泽的层次感。新建一个图层，绘制边缘清晰的高光。

06 在"线稿"图层上方新建"明线"图层，勾选"明线"图层的"剪贴图层蒙版"，并修改鞋面线条的颜色。

07 按照5.1.1节步骤10~步骤12的方法绘制背景，并在鞋跟和鞋面的附近绘制一些六边形装饰，丰富背景细节。

六边形装饰的绘制技巧

钢笔图层　六边形

烟雾效果　噪点效果

笔刷浓度		35
阴天		浓度 82
地面2		浓度 58

"水墨"工具设置

5.1.6　帆布鞋的绘制

绘制要点

① 帆布鞋的绘制方法。

② 帆布材质的表现方式。

③ 金属透气孔的绘制方法。

使用工具

① "笔"工具

② "模糊"工具

③ "曲线"工具

④ "油漆桶"工具

绘制步骤

01 新建"草稿"图层，选择"笔"工具，绘制帆布鞋的草稿，注意把握好造型，鞋子的透视要准确。

02 新建"线稿"图层，根据草稿绘制帆布鞋的线稿，线条要自然流畅。线稿绘制完成后，隐藏"草稿"图层。

03 新建"鞋体"图层，绘制出帆布鞋的底色，并将笔刷材质调整为"格子-1"，绘制出帆布材质表面的格状纹理。

04 新建"纹路"图层，将笔刷浓度调整为22，涂抹出帆布材质表面的水波纹纹路。新建"暗部"图层，绘制出鞋体的暗部。新建一个图层，绘制出帆布鞋的透气孔。

05 新建一个图层，绘制鞋面的踩线和鞋舌的花纹。

06 新建一个图层，绘制出帆布鞋在地面上的阴影，并绘制出圆点装饰。新建一个图层，绘制阴影的深色部分，并选择"模糊"工具涂抹深色部分的边缘。

Tips：圆形透气孔的绘制方法。新建"底色"图层，绘制出两个实心圆。新建钢笔图层，选择"曲线"工具，画出圆形。执行【图层】|【自由变换】命令，将画出的圆形拖动至实心圆的位置并调整成合适的大小。勾选钢笔图层的"指定选取来源"。新建"金属圈"图层，选择"油漆桶"工具，绘制出环形金属圈。新建"高光"图层，绘制出金属圈的高光。

底色

圆环

金属圈

高光

5.1.7 凉鞋的绘制

绘制要点

① 高跟凉鞋的绘制方法。

② 亮片材质的绘制方法。

使用工具

① "笔"工具

② "模糊"工具

③ "和纸笔"工具

绘制步骤

01 新建"草稿"图层，选择"笔"工具 🖊️，绘制高跟凉鞋造型草稿。

02 新建"线稿"图层，绘制凉鞋的线稿。

03 新建一个图层，绘制鞋体底色。

04 新建一个图层，绘制鞋体暗部，并选择"模糊"工具 🖊️ 模糊暗部边缘。新建一个图层，绘制第二层边缘清晰利落的暗部。

Tips：绘制暗部时也需要把握好层次变化，通过多次叠加绘制的暗部比较生动。

05 新建一个图层，选择"和纸笔"工具 🖊️，利用笔刷效果涂抹出鞋体的纹理，强化质感。

06 新建一个图层，选择"笔"工具 🖊️，绘制出层叠的圆形亮片。通过多个图层叠加表现不同程度的亮片的方式，增强亮片质感和层次感。

07 新建一个图层，绘制出凉鞋在地面上的阴影，并选择"模糊"工具 🖊️ 涂抹阴影边缘，增强画面纵深感。新建一个图层，绘制一些大小不一的圆点作为背景装饰。

5.2 多种多样的包包实例表现

包包是时装画中常见的配饰之一，同时也常作为独立主体进行展示。绘制包包的重点在于包包的形状和材质。

5.2.1 手拿包的绘制

绘制要点

① 手拿包的绘制方法。

② 五金配件的绘制方法。

使用工具

① "笔"工具

② "模糊"工具

绘制步骤

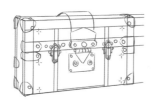

01 新建钢笔图层，绘制透视辅助线。新建"草稿"图层，选择"笔"工具 ，绘制方形手拿包的造型。

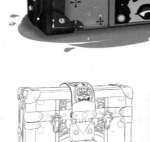

02 新建"线稿"图层，绘制手拿包的线稿，并绘制出包体上精美的花纹图案。

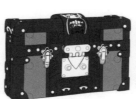

03 新建一个图层，绘制包包底色。

04 新建一个图层，根据基础的明暗关系，绘制包身的暗部，并选择"模糊"工具涂抹暗部边缘。

05 新建一个图层，按照"底色""暗部"的顺序绘制包上的花纹图案。

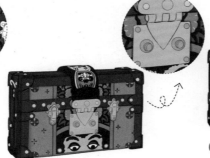

06 新建一个图层，绘制所有金属配件的底色。

07 新建一个图层，绘制金属配件的反光和暗部，细化金属配件的立体感。注意不同形状的金属有着不同形状的暗部和反光。

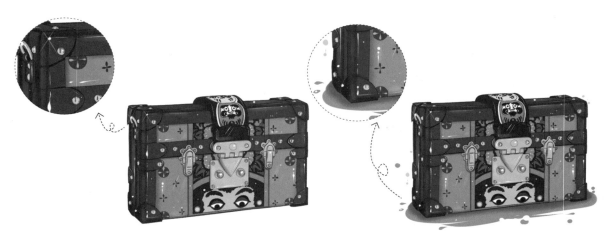

08 新建一个图层，降低笔刷浓度，绘制整个包包的亮部，并选择"模糊"工具 涂抹亮部边缘，使亮部与底色更好地结合。新建一个图层，绘制出边缘清晰利落的高光，增强包包的立体感和皮质质感。

09 新建一个图层，绘制出背景图案，丰富画面内容。新建一个图层，绘制包包在地面上的阴影，并选择"模糊"工具 涂抹暗部边缘。

5.2.2　单肩包的绘制

绘制要点

① 单肩包的绘制方法。

② 五金配件的绘制方法。

③ 软皮材质的表现方法。

使用工具

① "笔"工具

② "模糊"工具

③ "折线"工具

④ "油漆桶"工具

绘制步骤

01 新建"草稿"图层，选择"笔"工具 ，画出单肩包的大致形态。绘制完成后，将图层不透明度调整为25%。

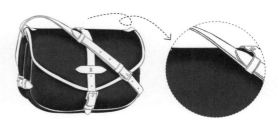

02 新建"线稿"图层，根据已经绘制好的草稿勾勒出准确的单肩包线稿，注意线条要流畅简洁。线稿勾勒完成后，隐藏"草稿"图层。

03 新建"底色"图层，绘制包体的底色。

04 在"底色"图层上方新建一个图层，勾选"剪贴图层蒙版"，绘制包包的暗部，并选择"模糊"工具 涂抹暗部边缘。

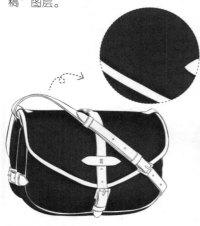

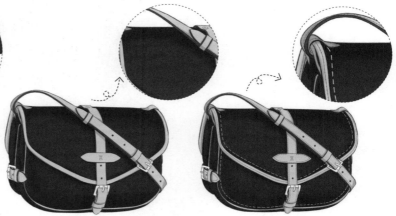

05 在"底色"图层上方打开一张皮革材料的素材图片，勾选"剪贴图层蒙版"，为包包覆盖一层皮革质感。

06 新建一个图层，按照"底色""暗部"的顺序绘制包包的皮带部分。

07 新建一个图层，绘制包体和皮带上的缝纫走线，强化皮革质感。

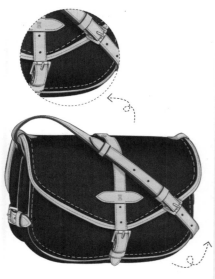

08 新建一个图层，绘制金属配件。

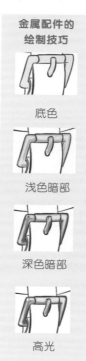

金属配件的
绘制技巧

底色

浅色暗部

深色暗部

高光

09 新建一个图层，按照5.1.1节步骤10~步骤12的方法绘制背景，完善画面效果。

5.2.3 双肩包的绘制

绘制要点

双肩包的绘制方法。

使用工具

① "笔"工具

② "模糊"工具

③ "折线"工具

④ "油漆桶"工具

绘制步骤

01 新建"草稿"图层，选择"笔"工具 ，绘制手拿包的草稿，注意包包的形态透视要准确。绘制完成后降低图层不透明度。

02 新建"线稿"图层，使用自然流畅的线条绘制双肩包的线稿。绘制完成后隐藏"草稿"层。

05 新建一个图层，将笔刷浓度调整为12，绘制背带和手提带的亮部，并选择"模糊"工具 涂抹亮部边缘。新建一个图层，将笔刷浓度调整为100，绘制整个包包的高光部分。

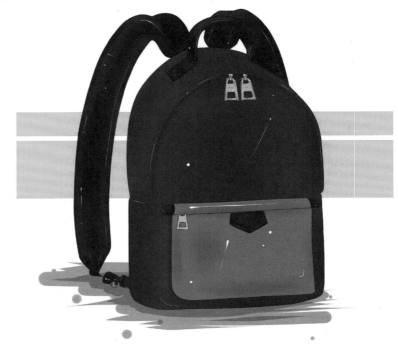

03 新建一个图层，绘制包包的底色。

06 新建一个图层，绘制包包的金属配件。

04 新建一个图层，降低笔刷浓度，根据基础的明暗关系绘制包包的暗部。选择"模糊"工具 涂抹暗部边缘，使暗部和底色更好地融合。

金属拉链头的绘制技巧

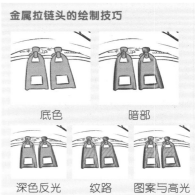

底色　　　　　暗部

深色反光　　纹路　　图案与高光

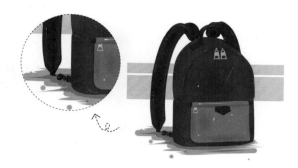

07 在"线稿"图层上方新建一个图层，勾选"剪贴图层蒙版"，将部分线稿的颜色改成与上色部分相近的颜色，降低线稿的突兀感。

08 新建"背景1"图层，绘制包包在地面上的阴影，增强画面纵深感。新建"背景2"图层，按照5.1.1节步骤10~步骤12的方法绘制出方块状的背景，丰富画面元素。

5.2.4 链条包的绘制

绘制要点

① 金属链条的绘制方法。

② 镜面倒影的绘制方法。

使用工具

① "笔"工具

② "模糊"工具

③ "油漆桶"工具

绘制步骤

01 新建"草稿"图层，选择"笔"工具 ，绘制链条包的草稿。绘制完成后，将图层不透明度调整为25%。

02 新建"线稿"图层，根据已经绘制好的草稿勾勒出准确的链条包线稿，注意包身装饰之间的层叠关系。线稿勾勒完成后隐藏"草稿"图层。

03 新建一个图层，绘制包包的底色。

04 新建一个图层，降低笔刷浓度，细化包身的明暗层次。

05 新建一个图层，绘制包身皮质纹饰的底色。

06 新建一个图层，绘制皮质纹饰部分的暗部，注意纹饰之间的层叠关系。新建一个图层，绘制纹饰上机器缝纫走线的痕迹，强化皮革质感。

07 新建一个图层，选择红色绘制锁扣底座的底色。新建一个图层，选择"笔"工具 和"模糊"工具 细化底座的立体感。

08 新建一个图层，绘制金属配件。

部分金属配件的绘制技巧

底色　暗部　亮部　反光　高光

09 新建一个图层，绘制装饰宝石，增强包包的华丽感。

宝石的绘制技巧

底色　暗部1　暗部2　亮部1　亮部2　发光

金属链条的绘制技巧

底色　暗部1　暗部2　反光　高光

10 新建一个图层，绘制金属链条。

11 新建一个图层，选择"油漆桶"工具 ，选择黑色填充整个画面。

12 打开已经绘制完成的链条包图片，执行【图层】|【自由变换】命令，将图片位置变换至倒影处，并选择"笔"工具 和"模糊"工具 将倒影下缘处理模糊，完成倒影效果的绘制。

5.2.5 枕头包的绘制

绘制要点

① 枕头包的绘制方法。

② 皮质的表现方法。

使用工具

① "笔"工具

② "模糊"工具

绘制步骤

01 新建"草稿"图层，选择"笔"工具  绘制俯视角度枕头包的草稿，注意透视要准确。

02 降低"草稿"图层的不透明度，新建"线稿"图层，绘制枕头包的线稿，注意线条要流畅自然。绘制完成后隐藏"草稿"图层。

03 新建"包体"图层，将图层画纸质感调整为"地毯"，绘制包包的底色。新建"翻盖"图层，将图层画纸质感调整为"磨砂"，绘制包包翻盖的底色。

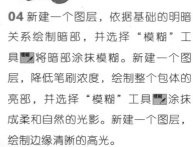

04 新建一个图层，依据基础的明暗关系绘制暗部，并选择"模糊"工具将暗部涂抹模糊。新建一个图层，降低笔刷浓度，绘制整个包体的亮部，并选择"模糊"工具涂抹成柔和自然的光影。新建一个图层，绘制边缘清晰的高光。

05 新建一个图层，绘制机器缝纫的走线，丰富包包细节。

部分金属配件的绘制技巧

底色	暗部1	暗部2	亮部

06 新建一个图层，绘制金属配件。

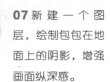

07 新建一个图层，绘制包包在地面上的阴影，增强画面纵深感。

5.2.6 水桶包的绘制

绘制要点

水桶包的绘制方法。

使用工具

① "笔"工具

② "模糊"工具

③ "折线"工具

④ "油漆桶"工具

绘制步骤

01 新建"草稿"图层，选择"笔"工具 ✏️，绘制水桶包的草稿，注意包包的形态透视要准确。

02 降低"草稿"层的不透明度，新建"线稿"图层，根据草稿勾勒出准确的水桶包线稿。绘制完成后隐藏"草稿"层。

03 新建"包体"图层，将笔刷材质调整为"里纸"，绘制包包的底色。

04 新建"暗部"图层，降低笔刷浓度绘制包包因凹陷而产生的暗部，并选择"模糊"工具 🖌️ 涂抹暗部边缘，注意不要大面积涂抹。新建"高光"图层，调高笔刷浓度，绘制弧形高光，增强立体感。

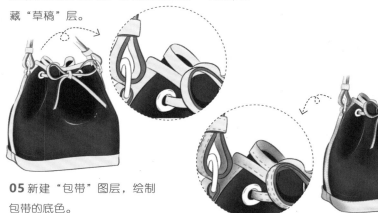

05 新建"包带"图层，绘制包带的底色。

06 新建"暗部"图层，降低笔刷浓度绘制包带暗部，并选择"模糊"工具 🖌️ 涂抹暗部边缘，使暗部更好地和底色融合在一起。新建"走线"图层，绘制机器缝纫走线，强化软皮面料质感。

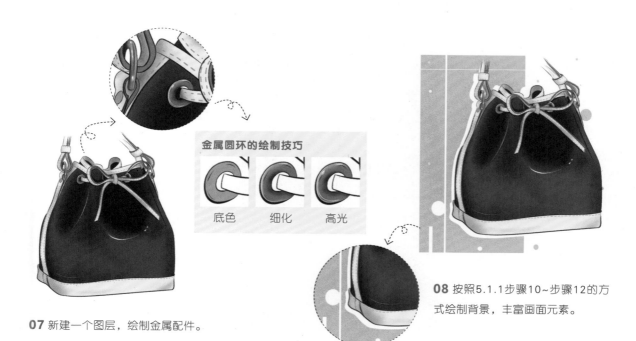

金属圆环的绘制技巧

底色　　细化　　高光

07 新建一个图层，绘制金属配件。

08 按照5.1.1步骤10~步骤12的方式绘制背景，丰富画面元素。

5.2.7 凯莉包的绘制

绘制要点

凯莉包的绘制方法。

使用工具

① "笔"工具

② "折线"工具

③ "油漆桶"工具

绘制步骤

01 新建"草稿"图层，选择"笔"工具 ，绘制凯莉包大致的造型草稿。绘制完成后降低图层的不透明度。

  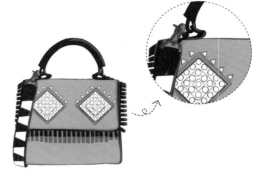

02 新建"线稿"图层,使用流畅的线条绘制凯莉包的线稿。线稿绘制完成后,隐藏"草稿"图层。

03 新建一个图层,绘制包包的底色。

04 新建一个图层,将图层混合模式设置为"正片叠底",勾选"剪贴图层蒙版",绘制包体的暗部。新建一个图层,绘制包包翻盖上的机器缝纫走线,增强包包质感。

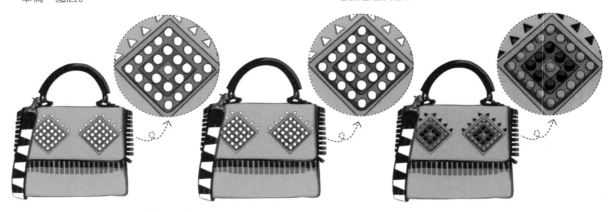

05 新建一个图层,绘制包包翻盖上的菱形装饰框的底色。

06 新建一个图层,将图层混合模式设置为"正片叠底",勾选"剪贴图层蒙版",绘制出装饰框的暗部,增强层次感。

07 新建一个图层,按照"底色""暗部"的顺序绘制出装饰珠,注意不同形状装饰珠的暗部形状也不相同。

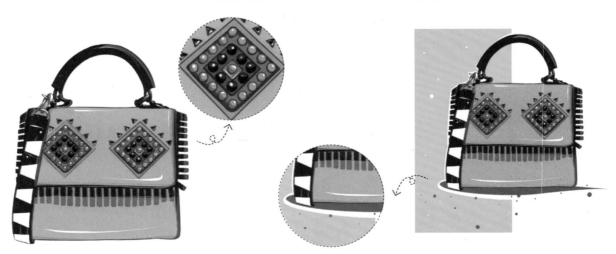

08 新建一个图层,将图层混合模式设置为"发光",绘制包体各部分利落的高光,增强包包质感。

09 新建一个图层,按照5.1.1节步骤10~步骤12的方法绘制具有时尚感的背景。

第6章

时装款式
实例表现

本章介绍的是不同季节中常见服装的绘制方式，并通过概念化、创意化人体凸显了服装款式效果。

6.1.1 雪纺衬衫的绘制

绘制要点

① 雪纺面料的表现方式。

② 抽象人体的表现方式。

使用工具

① "笔"工具

② "模糊"工具

③ "油漆桶"工具

④ "橡皮擦"工具

绘制步骤

01 新建"人体"图层，选择"笔"工具 绘制体块，确定人物姿态。

02 将"人体"图层的不透明度降低，新建"草稿"图层绘制人物造型。

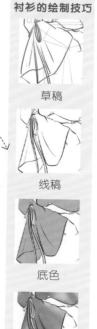

草稿

线稿

底色

明暗

03 绘制线稿。绘制完成后，隐藏"人体"和"草稿"图层。

04 新建"衬衫"图层，绘制衬衫的底色。

05 新建"细化"图层，绘制衬衫暗部与亮部，灵活调整笔刷浓度，细化出衬衫的褶皱和起伏。

Tips：雪纺面料质地轻柔，垂坠感强，绘制时要注意画出下摆、肘部、袖口的褶皱。

06 新建"肤色"图层，沿着人物外形轮廓勾勒出肤色，这一步只需抽象表现即可。

07 新建"下装底色"图层，降低笔刷浓度，通过绘制条状色块来抽象表现下装，并选择"模糊"工具涂抹色块边缘，让颜色自然过渡。

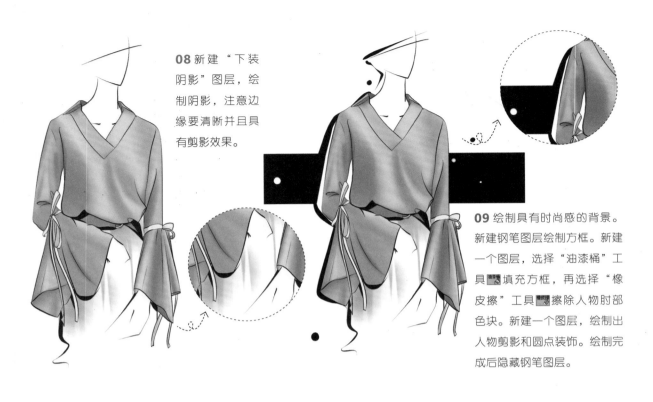

08 新建"下装阴影"图层，绘制阴影，注意边缘要清晰并且具有剪影效果。

09 绘制具有时尚感的背景。新建钢笔图层绘制方框。新建一个图层，选择"油漆桶"工具填充方框，再选择"橡皮擦"工具擦除人物肘部色块。新建一个图层，绘制出人物剪影和圆点装饰。绘制完成后隐藏钢笔图层。

6.1.2 运动服的绘制

绘制要点

运动服的绘制方法。

使用工具

① "笔"工具

② "油漆桶"工具

绘制步骤

01 新建"人体"图层，选择"笔"工具绘制体块，确定人物姿态。

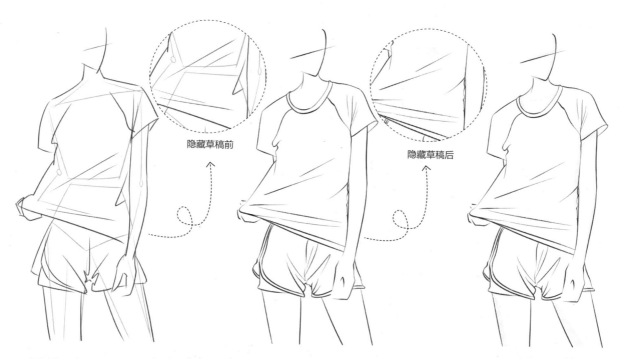

隐藏草稿前

隐藏草稿后

02 将 "人体" 图层的不透明
度降低，新建 "草稿" 图层绘
制运动服造型。

03 新建 "线稿" 图层，选择 "笔" 工
具 绘制运动服的线稿。绘制完成后，
隐藏 "人体" 和 "草稿" 图层。

04 新建 "皮肤" 图层，沿着人物身体轮
廓为皮肤上色。

Tips：运动服通常质地柔软，易于拉伸，
容易在腋下、腰部、胯部产生褶皱。

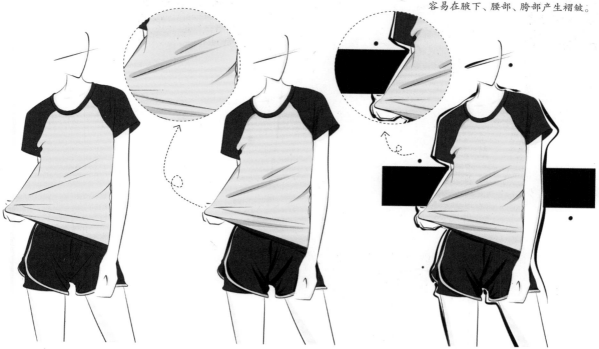

05 新建 "运动服底色" 图
层，选择合适的色彩搭配绘制
服装底色。

06 新建 "运动服暗部" 图层，绘
制运动服暗部，重点强调衣物褶皱
部位的阴影，增强衣物的立体感。

07 按照6.1.1节步骤09的方
法绘制具有时尚感的背景。

绘制要点

① 衬衫的绘制方法。

② 格纹面料的绘制方法。

使用工具

① "笔"工具

② "油漆桶"工具

绘制步骤

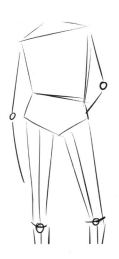

01 新建"人体"图层，选择"笔"工具 ，绘制人物的体块和姿态。

02 新建"草稿"图层，根据人体形态绘制格子衬衫造型的草稿。

03 新建"线稿"图层，根据绘制好的草稿勾勒出准确的线稿。线稿绘制完成后，隐藏"人体"和"草稿"图层。

04 新建"衬衫底色"图层，绘制衬衫的底色。新建"衬衫细化"图层，细化衬衫的明暗关系，重点突出褶皱部分，强化立体感。

05 新建"格纹"图层，通过反复叠加横纹和竖纹，绘制出衬衫的格纹花样。注意灵活调整笔刷浓度，要塑造格纹的交叉层叠感。

Tips：格纹的走向要顺着衣物的褶皱和起伏产生变化。

06 新建"裙子"图层，将笔尖的形状调整为 ▲，绘制出有层次感的裙子底色。新建"皮肤"图层，沿着人物外形轮廓绘制皮肤底色。

07 新建"背景"图层，按照6.1.1节步骤09的方法绘制背景，增强画面时尚感。

Tips：调整笔尖的形状可以改变绘制出的线条边缘的清晰度。

6.1.4 短款牛仔衣的绘制

绘制步骤

绘制要点

① 牛仔外套的绘制方法。

② 腰包的绘制方法。

使用工具

① "笔"工具

② "油漆桶"工具

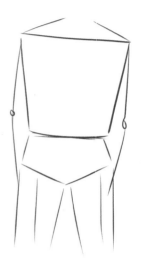

01 新建"人体"图层，选择"笔"工具 ✏️，绘制双手插兜的人物姿态。

02 将"人体"图层的不透明度降低，新建"草稿"图层，绘制牛仔外套造型。注意牛仔面料较为硬挺，褶皱较少。

03 新建"线稿"图层，勾勒准确的线稿，注意衣物和人体的层次关系。绘制完成后，隐藏"人体"和"草稿"图层。

04 新建"牛仔外套"图层，绘制外套的底色。新建"外套暗部"图层，灵活调整笔刷浓度，画出两层深浅不同的外套暗部。

05 新建"外套纹饰"图层，绘制牛仔外套的磨破效果，再细化出缝纫走线和纽扣，丰富衣物细节。新建"腰包"图层，按照"底色""暗部""亮部"的顺序绘制腰包。

06 新建一个图层，沿着线稿的轮廓为内搭T恤、裤子、皮肤绘制底色，完成抽象表现。

07 按照6.1.1节步骤09的方法绘制背景。

6.2.1 男士 T 恤的绘制

绘制要点

① 男士 T 恤的绘制方法。

② 星河效果背景的绘制方法。

使用工具

① "笔"工具

② "模糊"工具

③ "屋漏痕毛笔"工具

④ "油漆桶"工具

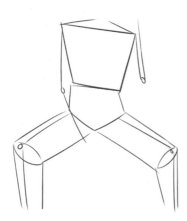

01 新建"人体"图层，选择"笔"工具 ✏️ 绘制男性人物分腿坐姿。

02 降低"人体"图层的不透明度，新建"草稿"图层，绘制男士T恤造型。

03 新建"线稿"图层，使用准确的线条勾勒出线稿，注意在衣物褶皱处和线条重叠处加重笔触。绘制完成后，隐藏"人体"和"草稿"图层。

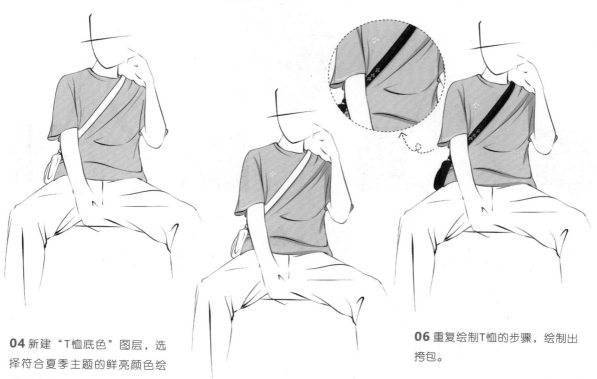

04 新建"T恤底色"图层，选择符合夏季主题的鲜亮颜色绘制t恤的底色。

05 新建"T恤细化"图层，根据基本的明暗关系绘制衣物的暗部，并绘制一些简单的花纹，丰富衣物细节。

06 重复绘制T恤的步骤，绘制出挎包。

07 新建一个图层，为皮肤和裤装上色，并选择"模糊"工具涂抹裤装色块的边缘，营造延展感。

08 新建"高光"图层，为整个画面添加高光，增强画面的立体感。

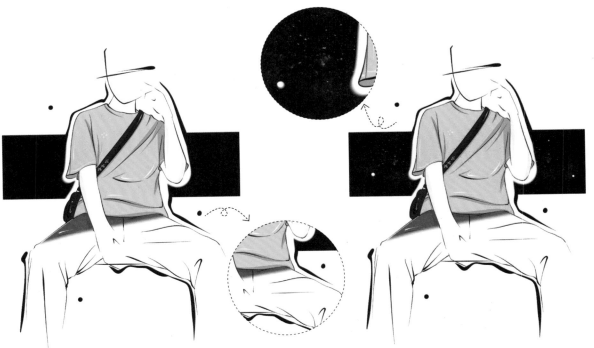

09 新建"背景"图层，按照6.1.1节步骤09的方法绘制背景。

10 新建"星河效果"图层，选择"屋漏痕毛笔"工具，将笔刷浓度调整为39，绘制出大片星云。选择"笔"工具，灵活调整笔刷浓度，绘制出明暗不同的星星。

正常	▲ ▲ ■ ▲
最大直径	✗ 5.0　95.0
最小直径	0%
笔刷浓度	39
显微镜下的霉	强度 100
【无材质】	强度 100

"屋漏痕毛笔"工具设置

6.2.2 男士短裤的绘制

绘制要点

男士短裤的绘制方法。

使用工具

① "笔"工具

② "屋漏痕毛笔"工具

③ "油漆桶"工具

绘制步骤

01 新建"人体"图层，选择"笔"工具 ▩ 绘制行走人物的侧面视角体块。

02 降低"人体"图层的不透明度，新建"草稿"图层，根据体块绘制男士短裤草稿。

03 新建"线稿"图层，勾勒人物服装造型线稿。绘制完成后，隐藏"人体"和"草稿"图层。

04 新建"短裤"图层，将图层画纸质感设置为"umi"，绘制裤子底色并留白表现高光部分。

05 新建"口袋"图层，选择明亮的颜色绘制口袋的底色，丰富整条短裤的色彩搭配。新建一个图层，细化口袋的明暗部位。

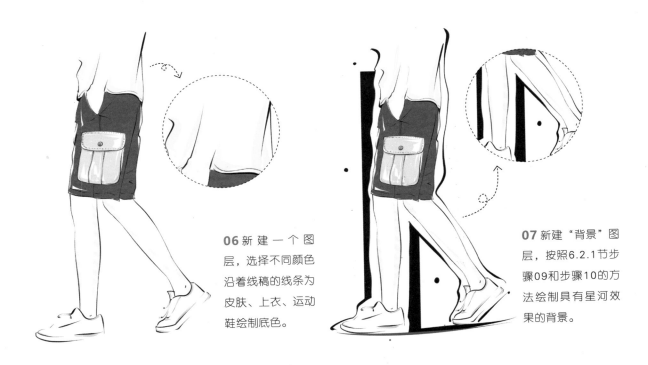

06 新建一个图层，选择不同颜色沿着线稿的线条为皮肤、上衣、运动鞋绘制底色。

07 新建"背景"图层，按照6.2.1节步骤09和步骤10的方法绘制具有星河效果的背景。

6.2.3 连衣裙的绘制

绘制要点

① 连衣裙的绘制方法。

② 褶皱花边的绘制方法。

使用工具

①"笔"工具

②"屋漏痕毛笔"工具

③"油漆桶"工具

绘制步骤

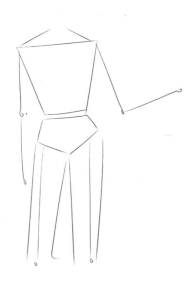

01 新建"人体"图层，选择"笔"工具 ✐ 绘制扶着墙的女性人体体块。

蝴蝶结的绘制技巧

底色

细化

星河效果

02 降低"人体"图层不透明度，新建"草稿"图层绘制连衣裙造型草稿。

03 新建"线稿"图层，勾勒准确的线稿，注意把握好蝴蝶结的前后穿插关系。

04 新建一个图层，绘制蝴蝶结的底色。新建一个图层，细化蝴蝶结的明暗关系，并绘制出闪烁的星河效果。

05 新建"连衣裙底色"图层，图层画纸质感设置为"花边02"，绘制出带纹理效果的裙子底色，注意适当留白。

06 新建一个图层，绘制明暗关系，细化裙子部分的立体感。为裙子绘制一层星河效果，增强造型的一体性。

07 新建一个图层，沿着线稿的线条绘制皮肤底色，抽象表现人体质感。新建一个图层，绘制具有星河效果的背景。

6.2.4　牛仔短裤的绘制

绘制要点

牛仔面料的表现方式。

使用工具

① "笔"工具
② "屋漏痕毛笔"工具
③ "油漆桶"工具

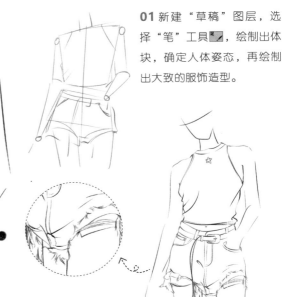

绘制步骤

01 新建"草稿"图层，选择"笔"工具 ，绘制出体块，确定人体姿态，再绘制出大致的服饰造型。

02 降低"草稿"图层的不透明度，新建"线稿"图层，根据打好的草稿勾勒出准确的线稿，注意画出牛仔裤磨破的毛边。线稿勾勒完成后，隐藏"草稿"图层。

03 新建"牛仔裤底色"图层，绘制牛仔裤的底色，注意适当留白，不要全部填满。

04 新建一个图层，选择不同色系，通过多次叠加暗部的方法来表现牛仔裤的立体感。

05 新建一个图层，绘制牛仔面料的水洗磨破效果。

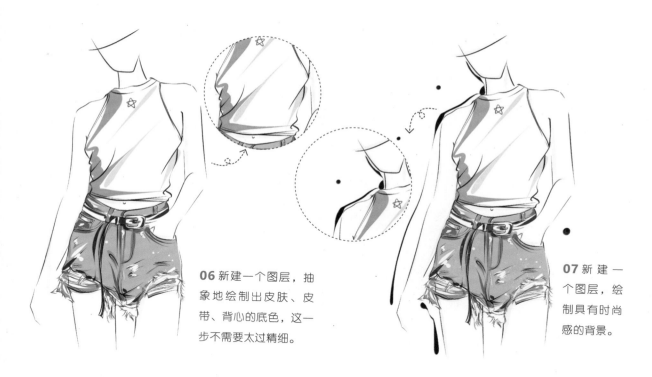

06 新建一个图层，抽象地绘制出皮肤、皮带、背心的底色，这一步不需要太过精细。

07 新建一个图层，绘制具有时尚感的背景。

6.2.5 薄纱连衣裙的绘制

绘制要点

薄纱面料的表现方式。

绘制步骤

使用工具

① "笔"工具

② "屋漏痕毛笔"工具

③ "油漆桶"工具

01 新建"草稿"图层，选择"笔"工具，绘制人物和服装造型的草稿。

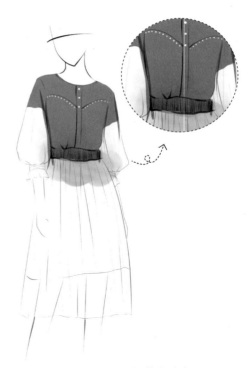

02 降低"草稿"图层的不透明度，新建"线稿"图层，绘制身着薄纱连衣裙的抽象人物。绘制完成后隐藏"草稿"层。

Tips: 由于薄纱面料质地轻薄透明，绘制连衣裙部分时需要选择比身体部分更浅的颜色。

03 新建"上衣"图层组，在组内新建"底色"图层，绘制上衣的底色，并画出纽扣进行装饰。

04 新建一个图层，降低笔刷浓度，细化上衣的明暗层次。新建一个图层，绘制上衣下摆的螺纹收口。

05 新建一个图层，降低图层的不透明度，绘制半透明袖子的底色。

06 新建一个图层，将图层混合模式设置为"正片叠底"，细化袖子的半透明纱质面料的层叠效果，并绘制出袖口的收口效果。

07 新建"裙子外层"图层组，将图层组的不透明度调整为70%。在组内新建"底色"图层，绘制裙子的底色，注意留白，不要全部填满。

08 新建一个图层，将图层混合模式设置为"正片叠底"，绘制出半透明的纱质面料层叠的感觉。

09 在图层组下方新建"裙子内衬"图层，绘制出打底的内衬，强化薄纱外层的半透明效果。

10 新建一个图层，将图层混合模式设置为"发光"，绘制裙子的高光和星河效果，增强裙子面料的闪亮感。

11 新建一个图层，抽象地表现人物的皮肤底色，增强人物的完整性。新建一个图层，绘制出带有星河效果的背景。

6.3.1 卫衣的绘制

绘制要点

① 白色服装固有色的表现。

② 褶皱穿插关系的把握。

使用工具

① "笔"工具

② "屋漏痕毛笔"工具

③ "油漆桶"工具

01 新建"草稿"图层，选择"笔"工具 ✏️ 绘制出人体体块和大致的服饰造型。

02 降低"草稿"图层的不透明度，新建一个图层，绘制卫衣的线稿，注意突出卫衣主体，抽象化表现剩余部分。绘制完成后隐藏"草稿"层。

03 新建一个图层，顺着线稿的线条绘制人体和衣物的底色及阴影，这一步只需勾勒出轮廓，不用全部填满。

04 新建一个图层，绘制色块分割卫衣，通过拼色增强时尚感。新建一个图层，绘制色块部分的暗部，注意要与轮廓部分相契合。

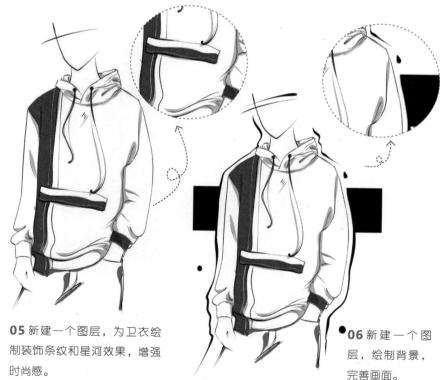

05 新建一个图层，为卫衣绘制装饰条纹和星河效果，增强时尚感。

06 新建一个图层，绘制背景，完善画面。

6.3.2　牛仔裤的绘制

绘制要点

① 牛仔裤的绘制方法。

② 水洗效果的表现方式。

使用工具

① "笔"工具

② "橡皮擦"工具

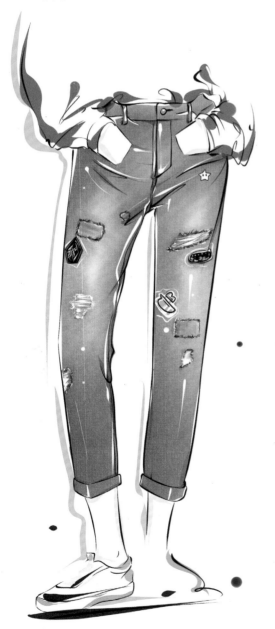

绘制步骤

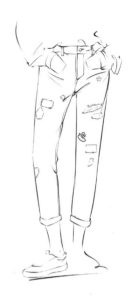

01 新建"人体"图层，选择"笔"工具 ，绘制人体下半身形态。

02 新建"线稿"图层，根据人体形态绘制细致的牛仔裤造型的线稿。线稿绘制完成后，隐藏"人体"图层。

03 打开一张牛仔裤面料素材，执行【图层】|【自由变换】命令，将素材图片放置在线稿下方。

04 选择"橡皮擦"工具 ，将素材图片擦成牛仔裤式样。

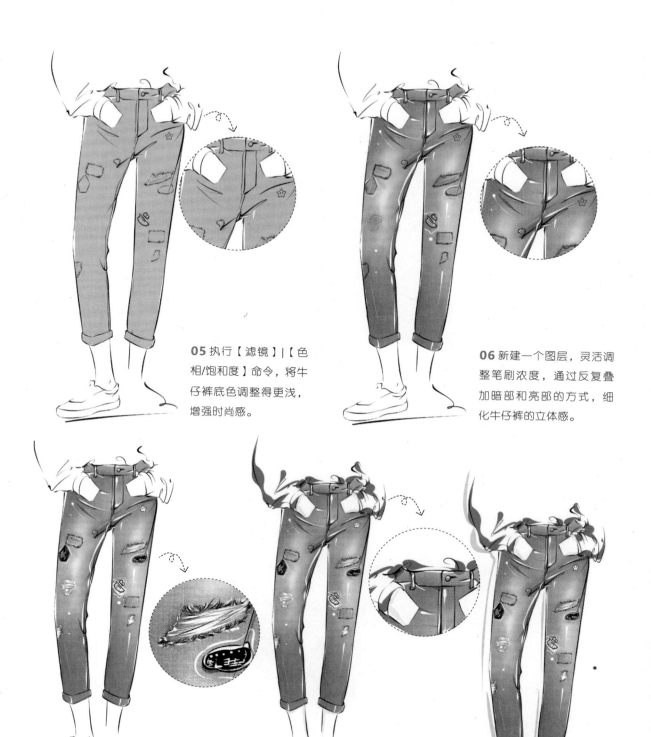

05 执行【滤镜】|【色相/饱和度】命令，将牛仔裤底色调整得更浅，增强时尚感。

06 新建一个图层，灵活调整笔刷浓度，通过反复叠加暗部和亮部的方式，细化牛仔裤的立体感。

07 新建一个图层，绘制牛仔裤的水洗磨破效果，重点表现出磨破的横纹和边缘的毛须。新建一个图层，在裤腿上绘制一些趣味贴布图案。

08 新建一个图层，选择彩色绘制皮肤、上衣、鞋子的底色轮廓，增强画面的趣味。

09 新建一个图层，绘制背景，完善画面效果。

6.4 冬季款式实例表现

6.4.1 短款羽绒服的绘制

绘制要点

① 羽绒服蓬松感的表达。

② 线条叠压关系的把握。

使用工具

"笔"工具

01 新建"草稿"图层，选择"笔"工具，绘制单手插兜的人物造型草稿。

02 新建"线稿"图层，绘制短款羽绒服的线稿，重点勾勒羽绒外套，人体和下装只需抽象表现即可。

03 新建"短款羽绒服"图层，
绘制羽绒外套的底色。

Tips：羽绒服质地绵软，容易产
生皱褶，在衍缝周围尤其
容易产生短小的竖纹。

04 新建一个图层，为羽绒外套绘制
三层颜色的暗部，要由浅到深，范围
由大到小，强化羽绒服的质感。

05 新建一个图层，绘制皮肤、内搭上衣、
牛仔下装的底色。这一步不用全部填满色
彩，随意勾勒几笔进行抽象表现即可。

06 新建一个图层，细化内搭上衣和牛
仔下装的明暗关系。

07 新建一个图层，绘制上装的条纹图案
和下装的星河图案。

6.4.2 长款羽绒服的绘制

绘制要点

① 长款羽绒服的比例要准确。

② 结构要交代清楚。

使用工具

"笔"工具

绘制步骤

01 新建"草稿"图层，选择"笔"工具 ，绘制长款羽绒服造型的草图。

02 新建一个图层，绘制长款羽绒服的线稿，使用带有波浪的线条绘制羽绒服轮廓，体现其蓬松、柔软的质感。

05 按照"底色""细化"的
顺序绘制出针织打底衫。

04 新建一个图层，细化羽绒外
套的暗部与亮部，注意重点表现
出衍缝处的褶皱。

03 新建一个图层，绘制羽绒外
套的底色。

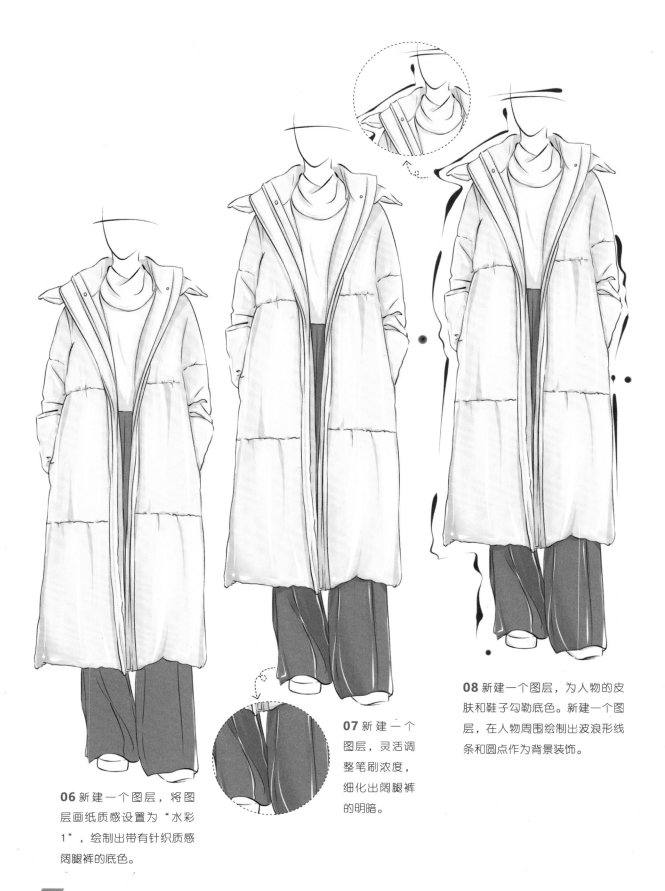

06 新建一个图层，将图层画纸质感设置为"水彩1"，绘制出带有针织质感阔腿裤的底色。

07 新建一个图层，灵活调整笔刷浓度，细化出阔腿裤的明暗。

08 新建一个图层，为人物的皮肤和鞋子勾勒底色。新建一个图层，在人物周围绘制出波浪形线条和圆点作为背景装饰。

6.4.3 男式棉服的绘制

绘制要点

① 棉服体积感的表现。

② 毛领的绘制方法。

使用工具

"笔"工具

绘制步骤

01 新建"草稿"图层，选择 "笔"工具，绘制出单手插兜的 男性人体及棉服造型。

02 新建"线稿"图层，选择"笔" 工具，绘制男式棉服的线稿。线稿 绘制完成后，隐藏"草稿"层。

Tips：男式棉服的外形通常比较蓬松、 缺少曲线，同时也没有太多装饰。

03 新建一个图层，选择较深的颜色绘制棉服的底色。

04 新建一个图层，将图层混合模式设置为"正片叠底"，绘制出棉服的暗部。新建一个图层，降低图层的不透明度，绘制色泽暗淡且柔和的棉服亮部，凸显棉布质感。

毛领的绘制技巧

底色

朦胧暗部

暗色毛须

亮色毛须

05 新建一个图层，绘制蓬松的毛领。

06 新建一个图层，绘制出人物皮肤、内搭卫衣、长裤的底色。新建一个图层，将图层混合模式设置为"正片叠底"绘制内搭卫衣的阴影部分，强化服饰的层次感。

6.4.4 女式棉服的绘制

绘制步骤

01 新建"草稿"图层，选择"笔"工具绘制女性人体及大致的服装造型。

02 新建一个图层，使用连贯、圆润的线条勾勒出女式棉服的线稿，表现出棉服柔软蓬松的质感。

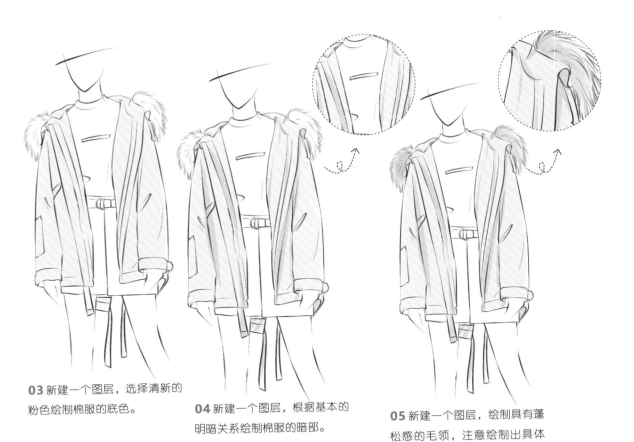

03 新建一个图层，选择清新的
粉色绘制棉服的底色。

04 新建一个图层，根据基本的
明暗关系绘制棉服的暗部。

05 新建一个图层，绘制具有蓬
松感的毛领，注意绘制出具体
的毛须走势。

腰带花纹

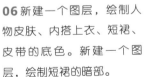

棉服花纹

06 新建一个图层，绘制人
物皮肤、内搭上衣、短裙、
皮带的底色。新建一个图
层，绘制短裙的暗部。

07 新建一个图层，为棉服和皮带绘
制一些装饰花纹。

08 新建一个图层，为全身衣物
绘制高光部分，增强立体感。

绘制要点

夹克材质质感的表达。

使用工具

① "笔"工具

② "屋漏痕毛笔"工具

绘制步骤

01 新建"草稿"图层，选择"笔"工具 ，绘制女性人体和夹克服饰的造型。

02 新建一个图层，根据草稿勾勒出准确的夹克造型的线稿，注意画出夹克的膨胀感。

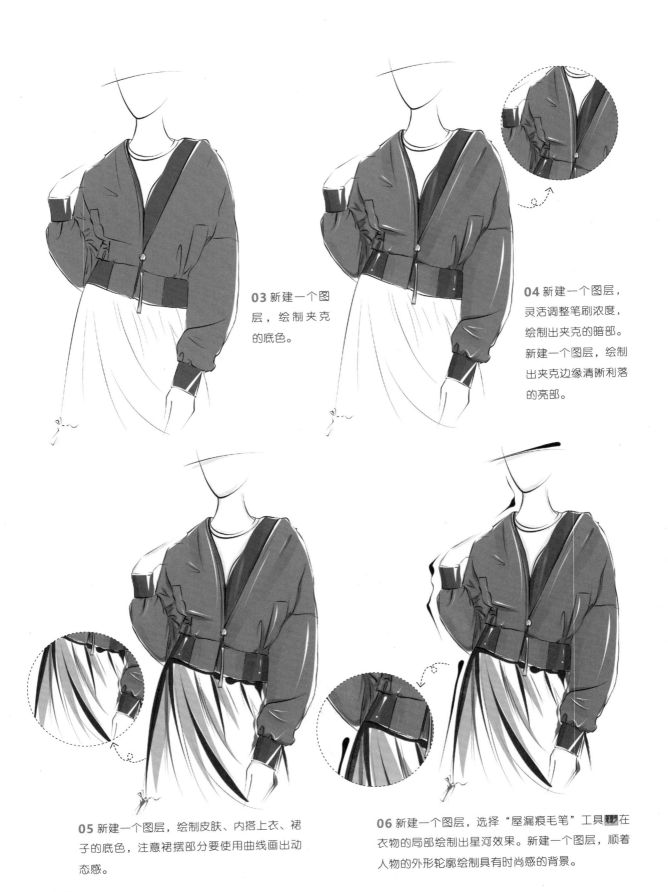

03 新建一个图层，绘制夹克的底色。

04 新建一个图层，灵活调整笔刷浓度，绘制出夹克的暗部。新建一个图层，绘制出夹克边缘清晰利落的亮部。

05 新建一个图层，绘制皮肤、内搭上衣、裙子的底色，注意裙摆部分要使用曲线画出动态感。

06 新建一个图层，选择"屋漏痕毛笔"工具，在衣物的局部绘制出星河效果。新建一个图层，顺着人物的外形轮廓绘制具有时尚感的背景。

第 7 章

时装效果图
实例表现

时装画一般都是从简单的框架草图演变
为具有艺术表现力的彩色效果图的,是由简
到繁逐渐丰富起来的过程。本章主要针对街
拍、秀场中的时装效果图实例表现进行讲解。

7.1 秀场中的时装效果

　　时装秀也称时装表演，它是品牌时装及国际时装周的时装发布会和媒体报道常用的活动方式，是一种以视觉效果为特征的舞台活动。在时装秀中一般能够体现出主题构想、服装设计、模特展示、舞美设计、媒介推广等元素，甚至可以详细体现出时装的款式、色彩、面料以及各种附属装饰品等。

　　接下来针对秀场中以千鸟格元素为主题的时装设计效果的表现进行详细讲解。

绘制要点

① 千鸟格材质的表现。

② 裙子的透视及褶皱的穿插关系。

主要面料

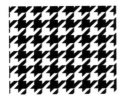

使用工具

① "铅笔"工具

② "笔"工具

③ "水彩笔"工具

④ "魔棒"工具

⑤ "油漆桶"工具

⑥ "橡皮擦"工具

⑦ "模糊"工具

绘制步骤

01 运行SAI软件，执行【文件】|【新建文件】命令，在弹出的"新建图像"对话框中设置文件名和预设尺寸，然后单击"确定"按钮，新建一个画布，命名为"图层1"即背景图层。

02 在背景图层上方新建"人体"图层组并在下方新建"人体结构"图层，选择"铅笔"工具，绘制人体动态。用简单的几何形状绘制出人体动态，确定人物动态的同时，要注意把握人体比例。

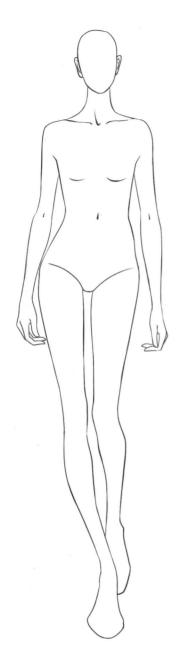

03 新建"人体线稿"图层,用流畅的线条绘制出人体的线稿。

04 绘制服装大致结构。将"人体线稿"图层的不透明度转为30%(这里的数值可自行拟定,目的是为了更方便地绘制服装结构)。新建"服装结构"图层,绘制服装的大致结构,确定衣身的位置与裙摆的位置与靴子的高度。

05 把"服装结构"图层的不透明度设置为30%,新建"服装线稿"图层,用流畅的线条绘制服装的轮廓,并将服装遮住的人体部分的线条擦去,绘制服装轮廓时要注意袖子与衣身的穿插关系以及服装的结构关系。

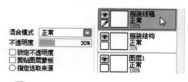

Tips:此步骤不用绘画服装细节,只需画出大致的服装结构形状即可。

06 新建"五官线稿"图层，用流畅的线条绘制出五官的轮廓，注意五官的比例与位置关系。

07 将"人体线稿""服装线稿""五官线稿"图层合并（合并快捷键为Ctrl+E）并命名为"线稿"图层，完成线稿的绘制。

选择皮肤上色区域

对选中区域进行填充

绘制皮肤暗部

R	255	R	255
G	246	G	222
B	241	B	200

皮肤底色

皮肤暗部

08 新建"上色"图层组，并在下方新建"皮肤上色"图层，开始绘制肤色。选择"魔棒"工具在"线稿"图层上单击皮肤的位置并选中区域范围。选择接近皮肤的颜色，运用"油漆桶"工具，将选中区域进行填充。新建"皮肤暗部"图层并勾选"剪贴图层蒙版"，选择比皮肤底色深一点的颜色绘制皮肤的暗部。

☐ 保护不透明度
☑ 剪贴图层蒙版
◯ 指定选取来源

设置"剪贴图层蒙版"

头发底色

头发暗部

头发叠加暗部

09 在"上色"图层组下方新建"头发"图层，并选择接近发色的颜色，用 "笔"工具 在头发的位置进行上色，初步完成头发的底色。新建"头发暗部"图层并勾选"剪贴图层蒙版"，进行头发的暗部与叠加暗部的绘制。

头发高光 1

头发高光 2

10 新建"头发高光"图层并勾选"剪贴图层蒙版"，选择比发色亮的颜色，绘制高光部分。继续选用白色，进行头发最亮部分的绘制，增强颜色明暗对比效果。

眼白部分

眼珠底色

R	114
G	048
B	018

瞳孔

R	024
G	000
B	000

眼珠高光

R	255
G	255
B	255

11 新建"眼睛"图层，选择皮肤图层并用 "橡皮擦"工具 将眼白部分擦掉肤色。新建"底色"图层并勾选"剪贴图层蒙版"，选择合适的颜色为眼珠上底色。新建"高光"图层并勾选"剪贴图层蒙版"，选择比底色深的颜色绘制瞳孔。新建"高光"图层并勾选"剪贴图层蒙版"，选择白色，绘制眼珠高光。

眼影底色　　　　　　　　　　眼影暗部　　　　　　　　　　眼影细化

12 新建"眼影"图层，选择"笔"工具▨绘制眼影部分的底色，用"模糊"工具▨进行涂抹。新建"深色晕染"图层并勾选"剪贴图层蒙版"，选用较深的颜色沿着眼线部位进行绘制。新建"细节调整"图层并勾选"剪贴图层蒙版"，进行叠加颜色，增加色彩层次变化。

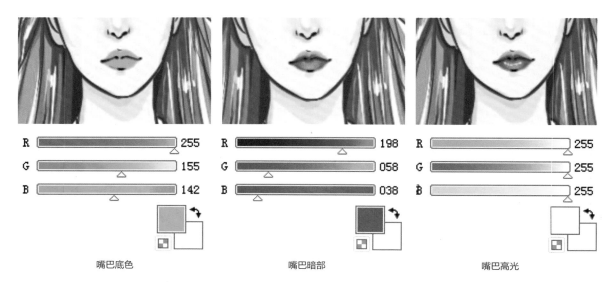

R	255	R	198	R	255
G	155	G	058	G	255
B	142	B	038	B	255

嘴巴底色　　　　　　　　　　嘴巴暗部　　　　　　　　　　嘴巴高光

13 新建"嘴巴"图层，新建"底色"图层，选择"笔"工具▨给嘴巴铺上第一遍颜色。新建"暗部晕染"图层并勾选"剪贴图层蒙版"，绘制出嘴巴的暗部并用"模糊"工具▨给嘴巴边缘进行涂抹。新建"高光"图层，选用白色绘制高光，增强体积感。

14 分别选择"头发""眼睛""眼影""嘴巴"图层，执行"滤镜"命令，通过选择滤镜菜单下的选项进行设置对五官与头发进行微调，让头面看起来更加和谐、自然。

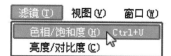

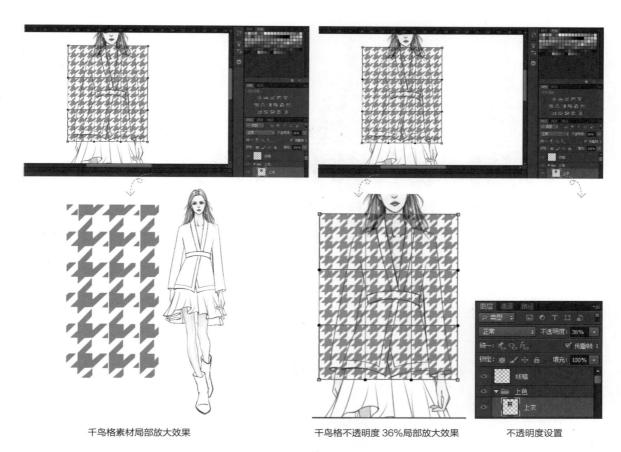

千鸟格素材局部放大效果　　　　千鸟格不透明度 36%局部放大效果　　　不透明度设置

15 运行Photoshop,导入千鸟格素材，将素材放在衣身上方，进行调整。把不透明度设置为36%，选中千鸟格素材（快捷键为Ctrl+T），右击鼠标选择变形，调整素材的位置。

"魔棒"工具选区　　　擦除前效果　　　　擦除后效果　　　　"上衣"图层不透明度100%效果

16 在Photoshop软件中完成操作后保存，运行SAI，在SAI软件中打开上一步保存的文件。将"上衣"图层隐藏，选择"线稿"图层，选择"魔棒"工具，选择衣身需要绘制千鸟格的部分，显示"上衣"图层，在选择菜单中选择反选（快捷键Ctrl+D可取消选区），选择"橡皮擦"工具将笔刷大小调整为500，进行擦除。最后把"上衣"图层的不透明度设置为100%。

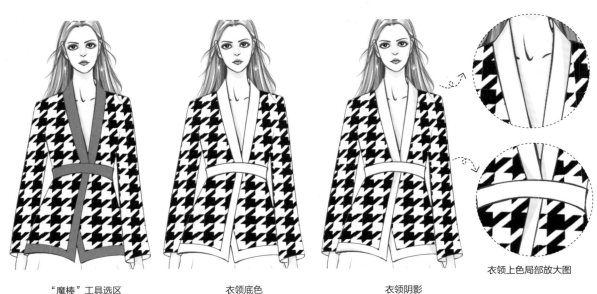

"魔棒"工具选区　　　　　　　衣领底色　　　　　　　衣领阴影

衣领上色局部放大图

17 在"线稿"图层，选择"魔棒"工具 ✐ 选择选区部分，在"上衣"图层上方新建图层，给衣领部分铺上底色。继续新建图层并勾选"剪贴图层蒙版"，绘制衣领的阴影部分。

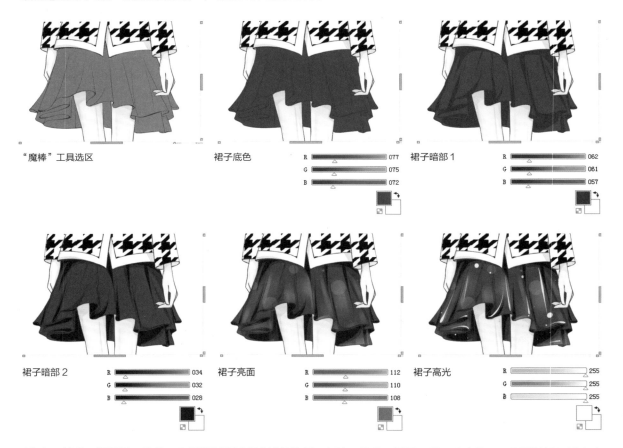

"魔棒"工具选区

裙子底色
R		077
G		075
B		072

裙子暗部1
R		062
G		061
B		057

裙子暗部2
R		034
G		032
B		028

裙子亮面
R		112
G		110
B		108

裙子高光
R		255
G		255
B		255

18 在"线稿"图层用"魔棒"工具 ✐ 对裙子部分进行选区，新建"裙子"图层，用"油漆桶"工具 🪣 给裙子铺上底色。在"裙子"图层上方分别新建图层并勾选"剪贴图层蒙版"，选择"水彩笔"工具 🖊 和"铅笔"工具 ✏ 依次绘制出裙子的暗部、亮面以及高光等，塑造体积感、空间感。

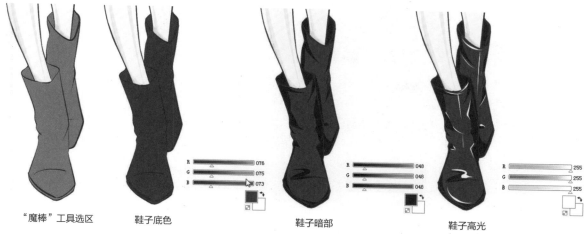

"魔棒"工具选区	鞋子底色	R 076 / G 075 / B 073	鞋子暗部 R 048 / G 048 / B 048	鞋子高光 R 255 / G 255 / B 255

"魔棒"工具选区　　　鞋子底色　　　　　　　鞋子暗部　　　　　　　鞋子高光

19 在"线稿"图层用"魔棒"工具对鞋子部分进行选区，新建"鞋子"图层，用"油漆桶"工具填充选中部分，给鞋子铺上底色。分别新建"暗部"和"高光"图层并勾选"剪贴图层蒙版"，绘制出鞋子的暗部以及高光部分，增强颜色明暗层次变化。

腰带底色

腰带纹理

装饰珠子底色

装饰珠子明暗

20 在"上色"图层组的最上方新建"腰带"图层，分图层依次绘制出腰带的底色、纹理以及装饰珠子的颜色，注意明暗关系要把握好。

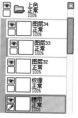

21 执行"滤镜"命令，通过对"色相/饱和度"和"亮度/对比度"的数值设置再次对整体画面的颜色进行调整。最后在"线稿"图层上方新建图层，选择适当的颜色把上衣、裙子以及鞋子的线稿颜色进行调整，完成绘制。

7.2 街拍中的时装效果

街拍文化源于欧美国家，通过相机捕捉街上的时尚元素，传递民间流行信息，最早源于时尚杂志的需求。街拍的对象往往多元化，专业的街拍需要捕捉到衣服的细节、搭配等特点。

本节针对街拍中时装效果的表现进行详细讲解。

7.2.1 范例一

绘制要点

① 领结的绘制。

② 裙摆空间层次感的把握。

主要面料

使用工具

① "铅笔"工具

② "笔"工具

③ "水彩笔"工具

④ "魔棒"工具

⑤ "油漆桶"工具

⑥ "模糊"工具

绘制步骤

01 运行SAI软件，执行【文件】|【新建文件】命令，弹出"新建图像"对话框。新建"人体"图层，选择"笔"工具绘制出正面人物的站立姿态。

02 降低"人体"图层的不透明度至50%，新建"草稿"图层，选择"铅笔"工具绘制时装的草稿。

03 新建"线稿"图层,用自然流畅的线条绘制出头面、服装以及鞋子的结构。然后隐藏"人体"和"草稿"图层。

04 新建一个图层,绘制皮肤的明暗变化,选择"模糊"工具进行轻微涂抹,让颜色过渡更加自然。

05 新建一个图层,为人物五官上色,眼妆和唇妆要注意色彩的层次变化。

06 新建一个图层，选择"魔棒"工具 🪄 进行选区，选择"油漆桶"工具 🪣，绘制外套的底色。

07 新建一个图层，选择比外套底色稍暗的颜色绘制外套的暗部。新建一个图层，选择白色采用线条的形式表现亮部，交代面料纹理细节。

08 新建一个图层，绘制头发的颜色，头顶部分可以适当留白。新建一个图层，绘制外套扣子的细节。

领结的绘制技巧

领结线稿　　　领结底色　　　领结暗部

09 新建一个图层，绘制衬衣上领结的
颜色。新建一个图层组，分别新建图
层并选择"水彩笔"工具，绘制出
裙子的底色、明暗以及纹理细节等。

10 新建一个图层，绘制鞋子的底色和
暗部，注意把握好笔触变化。新建一
个图层，绘制鞋子的高光部分，表现
材质光滑的质感。

11 新建一个图层，绘制人物在地面上
的投影以及背景，让画面看起来更加
丰富，完成绘制。

7.2.2 范例二

绘制要点

① 腰部褶皱纹理的绘制。

② 背景的时尚感和艺术感。

主要面料

使用工具

① "铅笔"工具

② "笔"工具

③ "水彩笔"工具

④ "魔棒"工具

⑤ "油漆桶"工具

⑥ "模糊"工具

绘制步骤

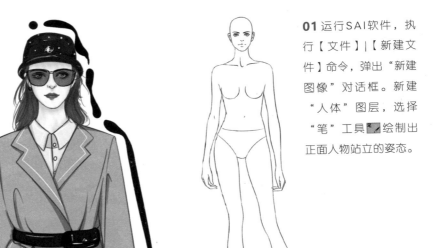

01 运行SAI软件，执行【文件】|【新建文件】命令，弹出"新建图像"对话框。新建"人体"图层，选择"笔"工具 ▨ 绘制出正面人物站立的姿态。

02 降低"人体"图层的不透明度至50%，新建"草稿"图层，选择"铅笔"工具 ▨ 绘制时装的草稿。

03 新建"线稿"图层，用自然流畅的线条绘制出头面、服饰以及鞋子的结构。然后隐藏"人体""草稿"图层。

04 新建一个图层，绘制皮肤的明暗变化，选择"模糊"工具 进行轻微涂抹，让颜色过渡更加自然。

05 新建一个图层，为人物五官上色，眼妆和唇妆色彩的层次变化要丰富。

帽子的绘制技巧

帽子底色　　帽子明暗　　帽子高光和细节

06 新建一个图层，绘制帽子的颜色，并添加花纹，丰富细节。

07 新建一个图层，绘制人物的头发。

08 新建一个图层，选择"魔棒"工具，进行选区，选择"笔"工具，绘制外套的底色，并表现面料纹理。

11 新建一个图层，刻画衬衣、袖口及饰带的明暗和细节纹理。

10 新建一个图层，绘制衬衣、袖口及饰带的底色。

09 新建一个图层，绘制外套的明暗关系，塑造体积感、空间感。

12 新建一个图层，绘制出腰带的色彩变化。

13 新建一个图层，选择"油漆桶"工具，绘制出裤子的底色。

14 新建一个图层，选择"水彩笔"工具，绘制裤子的明暗变化，并添加高光效果表现面料特征。

15 新建一个图层，选择"笔"工具 ，绘制鞋袜的底色。

16 新建一个图层，绘制鞋袜的明暗关系。

17 新建一个图层，绘制人物在地面上的投影，并用点和线的形式添加背景，注意把握好节奏感。

18 新建一个图层，继续添加背景，增添画面的空间层次关系，完成绘制。

学习了秀场中和街拍中的时装效果表现之后，接下来针对时装效果图的实例表现进行展示，以供大家参考。

7.3.1 范例一

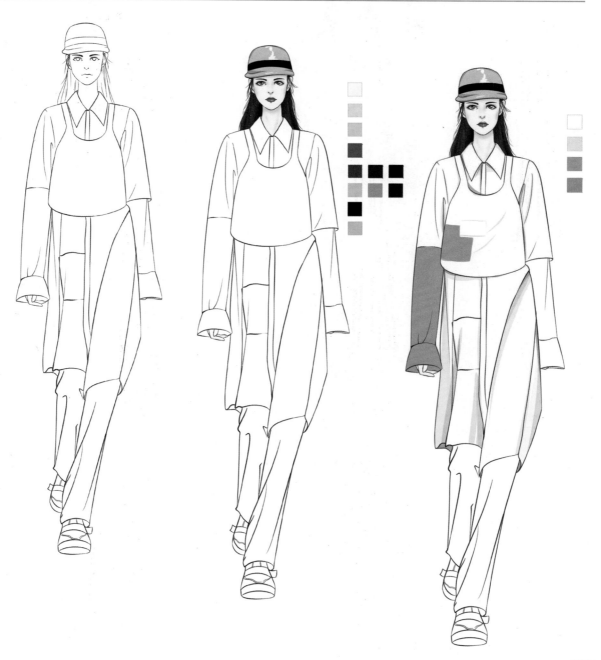

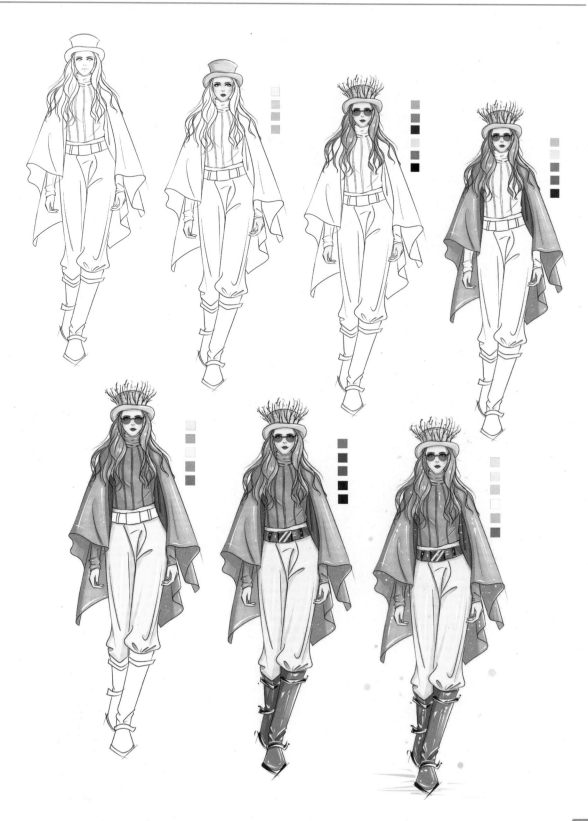

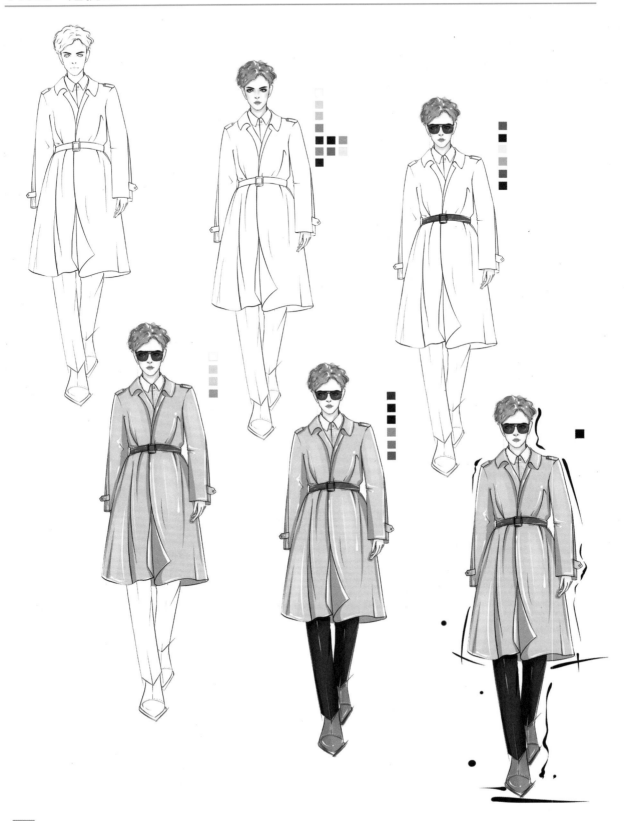

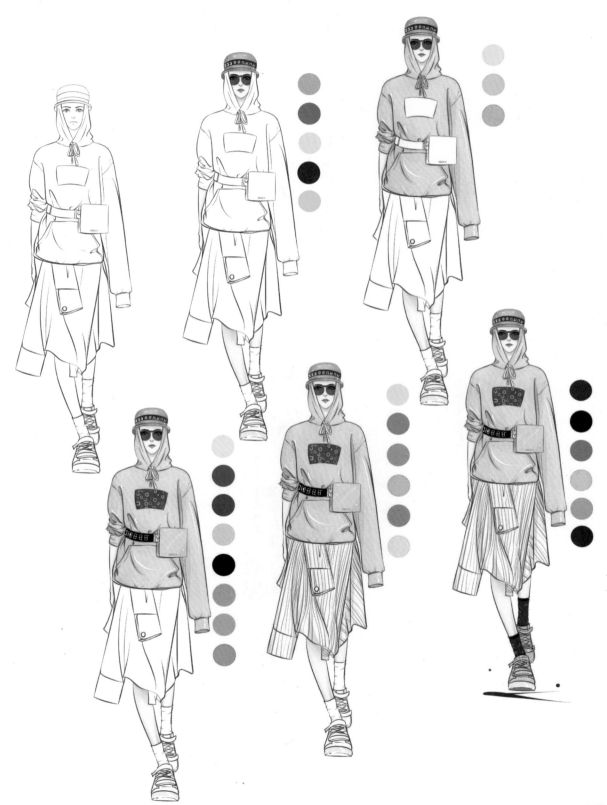